MESURES PRATIQUES

EN

RADIOACTIVITÉ

PAR

W. MAKOWER

MAITRE ÈS ARTS, DOCTEUR ÈS SCIENCES
MAITRE DE CONFÉRENCES ET CHEF DES TRAVAUX PRATIQUES DE PHYSIQUE
A L'UNIVERSITÉ DE MANCHESTER

ET

H. GEIGER

DOCTEUR EN PHILOSOPHIE
MAITRE DE CONFÉRENCES DE PHYSIQUE A L'UNIVERSITÉ DE MANCHESTER

TRADUIT DE L'ANGLAIS

PAR

E. PHILIPPI

LICENCIÉ ÈS SCIENCES

PARIS

GAUTHIER-VILLARS ET Cⁱᵉ, ÉDITEURS

LIBRAIRES DU BUREAU DES LONGITUDES, DE L'ÉCOLE POLYTECHNIQUE

55, Quai des Grands-Augustins, 55

1919

BLONDLOT (R.), Correspondant de l'Institut, Professeur à l'Université de Nancy. — **Rayons « N »**. *Recueil des Communications faites à l'Académie des Sciences,* avec des *Notes complémentaires* et une *instruction pour la confection des écrans phosphorescents.* In-16 (19-12) de VI-76 pages, avec 3 figures, deux planches et un ÉCRAN PHOSPHORESCENT; 1904. . . . . 2 fr.

BOUTY (E.), Professeur à la Faculté des Sciences. — **Progrès de l'Électricité. Oscillations hertziennes. Rayons cathodiques et rayons X** In-8 (23-14), avec 45 fig. et 2 pl.; 1899 . . . . 3 fr. 50

CURIE (Mᵐᵉ P.), Professeur à la Faculté des Sciences de Paris. — **Traité de Radioactivité.** 2 volumes in-8 (25-16) de XII-428 et IV-548 pages, avec 193 figures, 7 planches et un portrait de P. Curie; 1910. . 30 fr.

CURIE (Mᵐᵉ Sklodowska). — **Recherches sur les substances radioactives** (Thèse). 2ᵉ édition. In-8 (25-16) de 156 pages, avec 14 fig.; 1904. . . . . 5 fr.

GUILLAUME (Ch.-Éd.). — **Les Radiations nouvelles. Les Rayons X et la Photographie à travers les corps opaques.** 2ᵉ édition. In-8° (23-14), avec 22 figures et 8 planches; 1897. . . . . 3 fr.

LABORDE (Albert), Ancien Élève de l'École de Chimie et de Physique de la ville de Paris, Licencié ès Sciences. — **Méthodes de mesures employées en radioactivité.** In-8 (19-12) de 170 pages, avec 47 fig.; 1910. . . . . 2 fr. 50

VILLARD (P.), Docteur ès sciences, Lauréat de l'Institut. — **Les Rayons cathodiques** (*Collection Scientia*). 2ᵉ édition. In-8 (20-13) de 108 p., avec 48 figures, cartonné; 1908. . . . . 2 fr.

BULLETIN DE LA SOCIÉTÉ FRANÇAISE DES ÉLECTRICIENS. In-8 (29-19). 3ᵉ Série, Tome IX ; 1919.

Ce *Bulletin,* fondé en 1884, paraît chaque année en dix numéros, formant un volume de 30 feuilles environ.

Iʳᵉ Série. Les TOMES I à XVII (années 1884 à 1900) se vendent ensemble. . . . . 400 fr.

Chaque volume de la 1ʳᵉ série se vend séparément. . . . . 25 fr.

IIᵉ Série. Les TOMES I à X (années 1901 à 1910) se vendent ensemble. . . . . 200 fr.

Chaque volume se vend séparément. . . . . 25 fr.

59237   Paris. — Imp. Gauthier-Villars et Cⁱᵉ. 55, quai des Grands-Augustins.

MESURES PRATIQUES

EN

RADIOACTIVITÉ

PARIS. — IMPRIMERIE GAUTHIER-VILLARS ET Cie,

59237   Quai des Grands-Augustins, 55.

MESURES PRATIQUES

EN

RADIOACTIVITÉ

PAR

W. MAKOWER,

MAITRE ÈS ARTS, DOCTEUR ÈS SCIENCES,
MAITRE DE CONFÉRENCES ET CHEF DES TRAVAUX PRATIQUES DE PHYSIQUE
A L'UNIVERSITÉ DE MANCHESTER.

ET

H. GEIGER,

DOCTEUR EN PHILOSOPHIE,
MAITRE DE CONFÉRENCES DE PHYSIQUE A L'UNIVERSITÉ DE MANCHESTER.

TRADUIT DE L'ANGLAIS

PAR

E. PHILIPPI,

LICENCIÉ ÈS SCIENCES

PARIS,

GAUTHIER-VILLARS ET Cⁱᵉ, ÉDITEURS

LIBRAIRES DU BUREAU DES LONGITUDES, DE L'ÉCOLE POLYTECHNIQUE,

Quai des Grands-Augustins, 55.

——

1919

PRÉFACE.

Bien que les recherches sur la nature de la radioactivité soient,
ainsi que l'expérience l'a montré, un des moyens les plus féconds
que l'on possède pour scruter les phénomènes atomiques, la pratique des méthodes imaginées pour effectuer des mesures radioactives n'est pas encore regardée comme une partie essentielle
de l'enseignement de la Physique ou de la Chimie. Cela tient
sans doute, dans une certaine mesure, à ce que l'on croit que ces
méthodes sont coûteuses, qu'elles exigent l'emploi de grandes
quantités de substances radioactives. Or c'est là une erreur : il
est possible d'illustrer la plupart des principes de la radioactivité au moyen d'expériences ne demandant que des appareils
fort simples et des quantités minimes de ces substances. C'est
surtout dans le but de montrer comment on peut y parvenir
que nous avons décrit toute une série d'expériences, dont
beaucoup ont été indiquées par le Professeur Rutherford comme
devant faire partie de l'enseignement pratique donné à l'École
de Physique de l'Université de Manchester, et servir de préparation aux étudiants qui ont l'intention d'entreprendre des
recherches originales en radioactivité. Nous espérons que cet
Ouvrage contribuera à développer l'enseignement de la radioactivité au laboratoire, et à apprendre aux étudiants la tech-
nique d'une des branches les plus séduisantes de la science
moderne.

Si ce livre est destiné particulièrement aux étudiants, nous avons voulu cependant qu'il pût servir aux personnes qui poursuivent des recherches originales. Dans ce but, nous y donnons des tables de constantes radioactives et d'autres qui indiquent la marche de la destruction de différentes substances; en outre, nous approfondissons certains points qu'autrement nous aurions traités d'une façon plus sommaire. Ainsi, au Chapitre VIII, nous exposons avec assez de détails les méthodes qui permettent de faire des mesures exactes au moyen d'étalons, et, au Chapitre IX, nous en indiquons qui servent à séparer des éléments radioactifs ordinairement associés. Nous sommes redevables au Professeur B.-B. Boltwood d'une grande partie des renseignements que nous donnons dans ce dernier Chapitre. Comme la théorie de l'électromètre à quadrants, telle qu'elle figure dans la plupart des manuels, laisse à désirer, nous exposons celle qu'en a récemment donnée le Professeur Beattie; si elle n'est qu'approchée, elle a l'avantage de correspondre aux conditions où cet instrument est généralement employé et de mettre en évidence les facteurs physiques qui en régissent la marche.

Nous indiquons brièvement la théorie de la plupart des expériences; nous avons évité les discussions approfondies de points de vue théoriques. Nous supposons que le lecteur a des notions de radioactivité. Dans nombre de cas, nous renvoyons à la nouvelle édition du *Traité de Radioactivité* du Professeur Rutherford, où l'on trouvera des discussions théoriques très développées.

Nous nous sommes efforcés d'éviter les erreurs et les inexactitudes. Si nous y sommes parvenus, nous le devons dans une large mesure à l'aide que nous avons trouvée chez nos amis et nos collègues, à leurs conseils, aux données qu'ils nous ont fournies. Nous exprimons en particulier nos remerciements à M. H.-G.-J. Moseley, qui a bien voulu lire et critiquer notre manuscrit, ainsi qu'au Dr S. Russ et à M. E. Marsden, qui ont pris la peine de corriger les épreuves. Nous avons également eu l'avantage de recevoir des conseils du Professeur Rutherford, qui, en instituant dans notre laboratoire un enseignement pratique des méthodes de mesure employées en radioactivité, nous a inspiré l'idée d'écrire le présent Ouvrage.

W. M. et H. G.

Laboratoire de Physique de l'Université de Manchester,
Septembre 1912.

MESURES PRATIQUES

EN

RADIOACTIVITÉ

CHAPITRE I.

L'ÉLECTROMÈTRE A QUADRANTS ET LES INSTRUMENTS EMPLOYÉS CONCURREMMENT AVEC LUI.

1. — Construction et réglage de l'électromètre à quadrants.

Les courants électriques qui traversent les gaz sont ordinairement très faibles, et, sauf dans les cas d'ionisation intense, il est impossible de les mesurer au moyen d'un galvanomètre. Il faut employer dans ce but des instruments spéciaux. L'un de ceux qui conviennent le mieux est l'électromètre à quadrants. Les modèles anciens sont difficiles à régler, mais celui que l'on

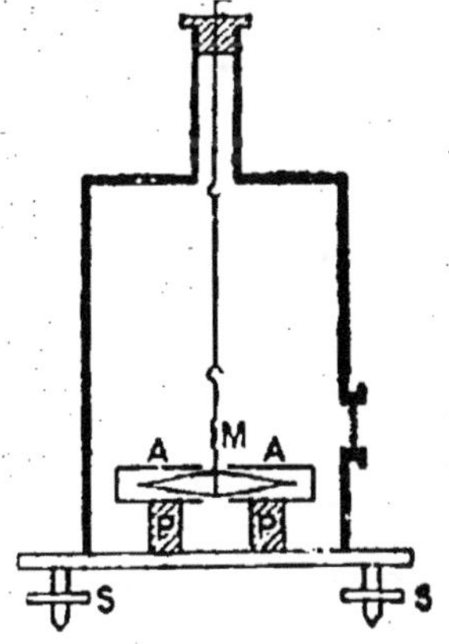

Fig. 1.

doit à Dolezalek peut commodément être employé comme instrument de précision (*fig.* 1). Il est formé essentiellement d'une aiguille suspendue à un fil mince de bronze phosphoreux, de façon à osciller librement dans quatre boîtes métalliques A en forme de quadrants qui reposent sur des supports isolants en ambre P; chacun des quadrants est en communication métallique avec celui qui lui est opposé diagonalement. Les principales modifications apportées par Dolezalek à l'instrument primitif consistent à avoir rapetissé les quadrants et donné une grande légèreté à l'aiguille, qui, au lieu d'être en métal, est faite de papier revêtu d'une mince pellicule d'argent. Les coupes horizontale et verticale de la figure 2 montrent la forme de l'aiguille. On peut la maintenir à un potentiel constant en la reliant à une batterie. La position de l'aiguille se lit au moyen d'un pinceau de lumière qui, tombant sur un miroir fixé à l'aiguille, est renvoyé par lui sur une règle divisée.

On place l'électromètre sur une table bien fixe, on met en communication avec la terre les deux paires de quadrants, l'aiguille et la cage de l'instrument, puis on règle celui-ci de la manière suivante. On amène l'aiguille, autant que possible,

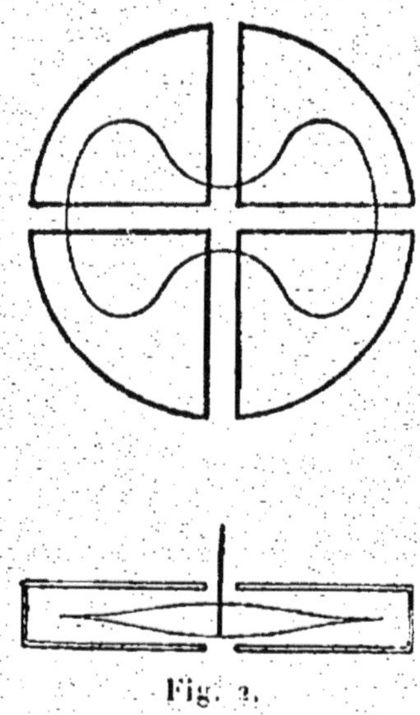

Fig. 2.

dans la position indiquée par la figure 2, c'est-à-dire dans une position symétrique par rapport aux quadrants. Puis on la relie à l'une des bornes d'une batterie donnant 100 volts environ, l'autre borne étant à la terre. On introduit une résistance formée d'eau entre l'aiguille et la borne à laquelle elle est reliée pour empêcher qu'il ne se produise un court circuit au cas où l'aiguille toucherait accidentellement les quadrants. Pendant qu'on la charge, l'aiguille s'écarte généralement de la position zéro. On l'y ramène à l'aide des vis de calage S, puis on la décharge. On répète ces opérations le nombre de fois nécessaire pour que l'aiguille ne s'écarte pas d'une manière appréciable du zéro quand on la charge et qu'on la décharge; elle est alors dans une position symétrique par rapport aux quadrants. On doit encore contrôler l'exactitude du réglage de la façon indiquée au paragraphe 4.

Quand on a besoin que l'appareil ait une très grande sensibilité, on suspend l'aiguille au moyen d'un fil de quartz, vu l'impossibilité de donner aux fils de bronze phosphoreux une finesse suffisante. On rend le fil de quartz conducteur en l'argentant ou le platinant (1), ou encore en le plongeant dans une solution de chlorure de calcium. Mais dans un climat sec, ce dernier procédé ne donne pas un résultat satisfaisant. Si l'on ne rend pas le fil de quartz conducteur, il faut charger l'aiguille en la mettant pour un instant en contact avec l'une des bornes d'une batterie. Mais cette manière de faire doit être évitée autant que possible, car elle entraîne des corrections laborieuses, la sensibilité de l'appareil changeant à mesure que la charge se dissipe (§ 3).

2. — Théorie de l'électromètre à quadrants.

D'après la théorie élémentaire que l'on donne ordinairement de l'électromètre à quadrants, la déviation ϑ de l'aiguille portée au potentiel V a pour expression

$$(1) \qquad \vartheta = A \, (v_1 - v_2) \left(V - \frac{v_1 + v_2}{2} \right),$$

____

(1) Bestelmeyer, *Zeitschr. für Instrumentenkunde*, t. 25, 1905, p. 339.

où A est une constante et où c_1 et c_2 sont les potentiels des paires opposées de quadrants. On voit donc que la déviation est proportionnelle à la différence de potentiel des quadrants opposés et au potentiel V de l'aiguille, pourvu que la valeur de V soit grande par rapport à celles de c_1 et de c_2. Lorsqu'on se sert de l'instrument pour faire des mesures radioactives de la manière indiquée au paragraphe 7, cette condition est remplie, mais on constate que sa sensibilité n'est proportionnelle au potentiel de l'aiguille qu'entre des limites étroites. Elle croît à mesure qu'on augmente le potentiel de l'aiguille, atteint un maximum, puis décroît pour de plus grands potentiels. Différents auteurs ont élargi la théorie de cet électromètre afin d'expliquer la manière dont il se comporte; les conclusions auxquelles ils sont arrivés ont été résumées récemment par Beattie ([1]), qui a donné à la théorie en question une forme simple. Il fait remarquer que, lorsque l'aiguille dévie d'un petit angle θ, il entre en jeu, par suite de la torsion du fil, un couple mécanique antagoniste ayant pour expression $k_1\theta$, où k_1 est une constante de l'instrument. Outre ce couple, il s'en produit un second, dû à des causes électriques, *même si les potentiels des quadrants opposés restent les mêmes;* car, en vertu du mouvement de l'aiguille, les lignes de force existant entre l'aiguille et les quadrants sont déformées de façon telle qu'il s'introduit des forces tendant ordinairement à ramener l'aiguille à sa position primitive. Ce couple est appelé *couple électrostatique déformateur,* et il est dit *positif* quand il agit dans le même sens que le couple mécanique. Mais si, comme il arrive quelquefois, l'aiguille est inclinée par rapport aux quadrants, il peut se faire que les couples déformateur et mécanique soient opposés l'un à l'autre; le premier est alors dit *négatif.* Le couple déformateur est proportionnel à V^2 et à l'angle de déviation θ, et peut être exprimé par $k_2 V^2\theta$, où k_2 est une constante.

Si les deux paires opposées de quadrants sont en relation permanente avec les deux pôles d'une batterie, comme l'in-

---

([1]) R. BEATTIE, *Electrician*, t. 65, 1910, p. 729, et t. 69, 1912, p. 233.

dique la figure 3, les couples mécanique et déformateur seront les seuls couples antagonistes qui entreront en jeu, et, quand

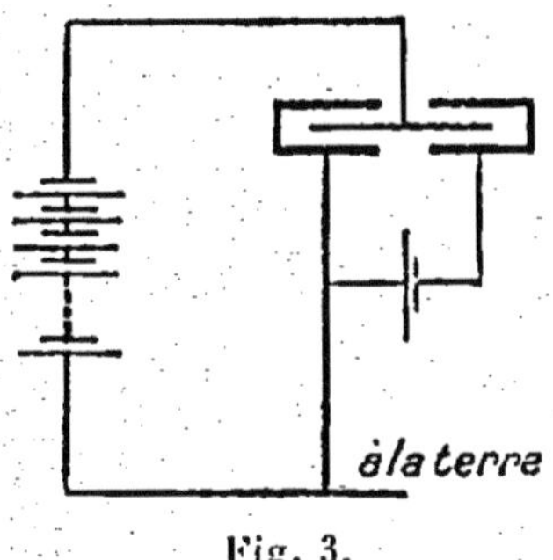

Fig. 3.

l'aiguille sera devenue immobile, leur somme sera égale au couple de déviation, exprimé par $k_3 V (c_1 - c_2)$. Par conséquent, en considérant le couple déformateur comme positif, on a l'équation

$$(2) \qquad k_1 \theta + k_2 V^2 \theta = k_3 V (c_1 - c_2),$$

d'où

$$(3) \qquad \theta = \frac{k_3 V (c_1 - c_2)}{k_1 + k_2 V^2}.$$

La sensibilité de l'instrument est donc proportionnelle à

$$(4) \qquad \frac{k_3 V}{k_1 + k_2 V^2}.$$

Cette quantité atteint son maximum quand $V = \sqrt{\dfrac{k_1}{k_2}}$, c'est-à-dire quand les couples mécanique et déformateur sont égaux. Si le couple déformateur est négatif, la sensibilité augmente d'une façon continue à mesure que le potentiel de l'aiguille s'élève, et l'instrument finit par devenir instable.

Si, comme c'est ordinairement le cas dans les mesures radio-actives, les deux paires de quadrants ne communiquent pas directement avec une batterie, mais sont reliées à une chambre d'ionisation C (*fig.* 4), un troisième couple directeur entre en jeu. Ce couple est dû à une différence de potentiel qui s'établit entre les quadrants isolés et les quadrants reliés au sol, en raison d'une charge induite sur les quadrants isolés par le mouvement de l'aiguille chargée. Ce couple, qui est connu sous le nom de *couple électrostatique d'induction*, s'oppose à la déviation de l'aiguille. La charge induite sur les quadrants isolés est proportionnelle à $V\theta$; par conséquent, la différence

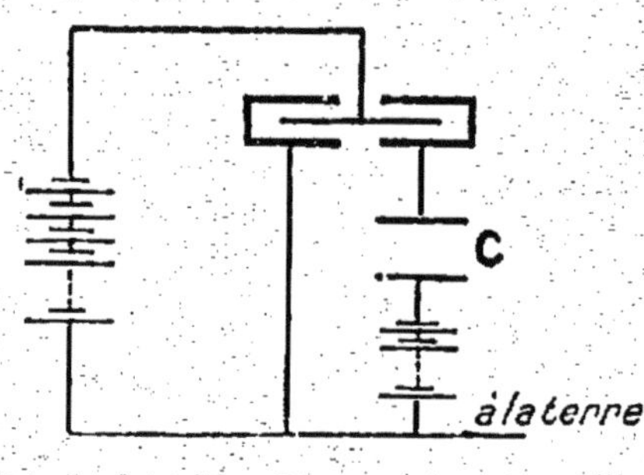

Fig. 4.

de potentiel qui s'établit entre les quadrants est proportionnelle à $\dfrac{V\theta}{C}$, où C est la capacité globale de l'électromètre et de la chambre d'ionisation qui lui est reliée. Comme cette différence de potentiel est toujours petite par rapport à V, le couple résultant peut s'écrire $\dfrac{k_1 V^2 \theta}{C}$. Si q est la charge communiquée aux quadrants isolés à travers la chambre d'ionisation, la différence de potentiel qui s'établit entre les quadrants est $\dfrac{q}{C}$, et le couple de déviation correspondant qui agit sur l'aiguille est $\dfrac{k_3 V q}{C}$. Par conséquent, en égalant le couple de déviation et les couples directeurs, on obtient la relation

$$(5) \qquad k_1 \theta + k_2 V^2 \theta + \frac{k_1 V^2 \theta}{C} = k_3 \frac{V q}{C},$$

d'où

$$(6) \qquad \theta = \frac{k_3 V}{k_1 + k_2 V^2 + k_1 \dfrac{V^2}{C}} \frac{q}{C}.$$

Cette expression peut être mise sous la forme

$$(7) \qquad \theta = \frac{k_3 V}{k_1} \cdot \frac{q}{C + \dfrac{k_2 V^2 C}{k_1} + \dfrac{k_1 V^2}{k_1}}.$$

Mais s'il n'y a pas d'autre couple antagoniste que le couple mécanique, la déviation est exprimée par la relation

$$(8) \qquad \theta = \frac{k_3 V}{k_1} \cdot \frac{q}{C}.$$

Par conséquent, à cause du couple directeur électrique, la capacité de l'électromètre *paraît passer* de C à $C + \dfrac{k_2 V^2 C}{k_1} + \dfrac{k_1 V^2}{k_1}$ quand l'aiguille dévie, ainsi que J.-J. Thomson l'a fait remarquer [1]; mais il est peut-être plus simple de regarder la capacité de l'instrument comme constante et le couple directeur comme modifié de la manière exprimée par l'équation (6).

3. — Variation de la sensibilité d'un électromètre avec le potentiel de l'aiguille.

La théorie de la variation de la sensibilité d'un électromètre avec le potentiel de l'aiguille a été discutée au paragraphe 2. Il résulte des équations (4) et (6) que la variation de la sensibilité de l'instrument diffère suivant qu'on l'emploie à mesurer des différences de potentiel, comme le montre la figure 3, ou des courants d'ionisation, comme l'indique la figure 4. On peut déterminer la variation de la sensibilité dans le premier cas en chargeant l'aiguille de l'électromètre à des potentiels différents et croissant jusqu'à plusieurs centaines de volts, et en observant la sensibilité pour une différence de potentiel donnée entre les quadrants. On peut déterminer la sensibilité dans le second cas en laissant un courant constant entrer dans les quadrants pendant un temps donné et faisant varier le potentiel de l'aiguille. On constate dans les deux cas que la sensibilité de l'électromètre croît d'abord proportionnellement au potentiel commu-

---

[1] J.-J. Thomson, *Phil. Mag.*, t. 46, 1898, p. 526.

niqué à l'aiguille. Puis la sensibilité croît moins rapidement avec le potentiel, et finit par atteindre un maximum ; dès lors, elle décroît lorsque l'on continue à élever le potentiel de l'aiguille. Mais les formes des courbes ne sont pas tout à fait les mêmes dans les deux cas, et les maxima se produisent en général pour des voltages différents.

Il convient ordinairement d'employer l'électromètre à son état de sensibilité maximum, afin que de petits changements dans le potentiel de l'aiguille n'aient pas d'effets sensibles sur les indications de l'instrument.

4. — Calibrage de l'échelle d'un électromètre à quadrants.

Quand un électromètre est bien réglé, la déviation produite est proportionnelle à la différence de potentiel entre les deux paires de quadrants, pourvu que cette différence soit petite par rapport au potentiel de l'aiguille. En outre, les déviations obtenues avec des potentiels de même grandeur mais de signes opposés sont symétriques par rapport à la position zéro.

Pour vérifier l'uniformité de l'échelle, on peut calibrer l'instrument comme il suit. On envoie à travers la résistance AB un courant fourni par l'accumulateur C, dont une borne est à la terre (*fig.* 5). La résistance AB doit être grande ; un mégohm

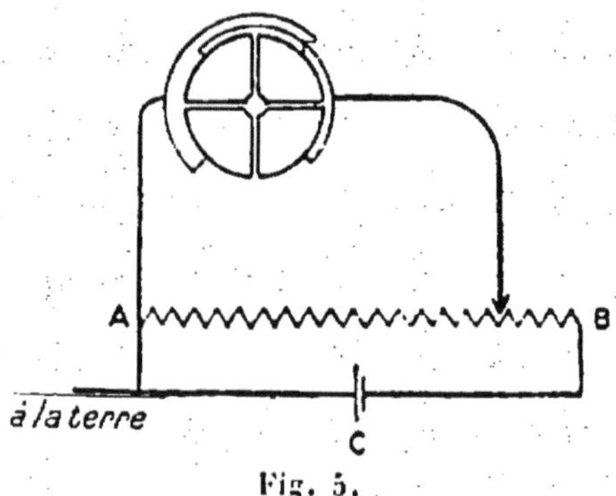

Fig. 5.

subdivisé remplit le but. Les quadrants isolés sont reliés à différents points de la résistance, de façon à être amenés à différents potentiels : les autres quadrants restent à la terre.

On construit une courbe montrant la relation entre le potentiel appliqué et la déviation de l'aiguille de l'électromètre. Cette relation est approximativement linéaire. Avec un électromètre construit de la manière ordinaire, on obtient une déviation de l'ordre de 200^{mm} par volt sur une échelle placée à 1^m de l'électromètre; mais on peut parvenir à une sensibilité beaucoup plus grande avec des fils de suspension particulièrement fins.

5. — Chambres d'ionisation.

La forme la plus commode de chambre d'ionisation est celle que représente la figure 6. C'est un vase cylindrique d'une capa-

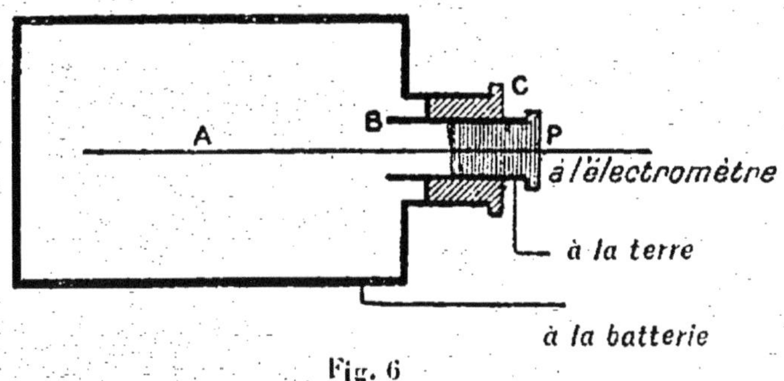

Fig. 6

cité d'environ 300$^{cm^3}$ traversé suivant son axe par une tige métallique A qui peut être mise en communication avec l'électromètre. Ce vase est relié à l'un des pôles d'une batterie de cent accumulateurs environ, dont l'autre pôle est à la terre [1]. La tige A est maintenue en place par le bouchon d'ébonite P. Ce bouchon s'ajuste à un anneau de laiton B relié à la terre, et celui-ci est tenu par l'anneau d'ébonite C, qui s'ajuste dans la tubulure du vase cylindrique. L'anneau métallique B joue le rôle d'anneau de garde : il empêche l'électricité de parvenir à

---

[1] Pour avoir un voltage constant, on se sert d'une batterie distincte de petits accumulateurs. Les éléments au cadmium présentent l'avantage d'avoir un faible coefficient de température; mais quand on fait usage d'éléments de cette espèce, il faut avoir grand soin de protéger la batterie contre les courts circuits (KRÜGER, *Phys. Zeitschr.*, t. 7, 1906. p. 182).

l'électromètre par la surface de l'isolement en ébonite si celui-ci est défectueux. L'électricité ne peut donc arriver à l'électromètre que par le gaz contenu dans la chambre d'ionisation, et le courant électrique donne une mesure de l'ionisation produite dans le gaz par le rayonnement qui le traverse. Ou bien on fait passer dans le gaz, à travers les parois de la chambre d'ionisation, les rayons émis par une source extérieure, ou bien on introduit la source dans la chambre d'ionisation.

La figure 7 montre une autre forme de chambre d'ionisation

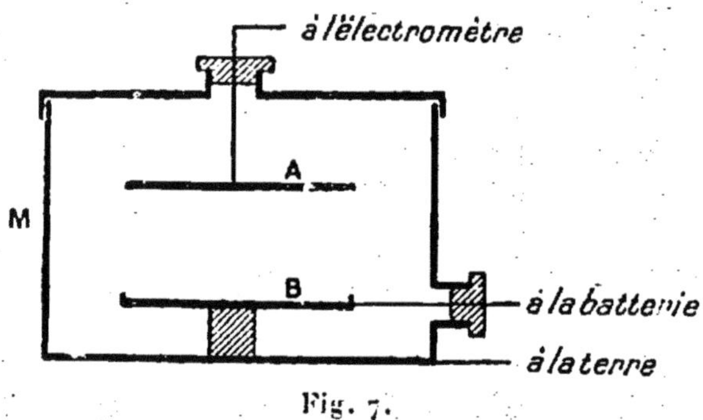

Fig. 7.

dont on se sert quelquefois. La boîte métallique M renferme deux plateaux isolés A et B fixés à quelques centimètres l'un de l'autre; on mesure le courant qui passe entre les plateaux. Cette forme de chambre d'ionisation est souvent commode quand la source du rayonnement doit y être introduite. C'est ce que l'on peut faire en plaçant sur le plateau B un vase plat contenant la matière radioactive. Lorsqu'on veut employer la chambre d'ionisation de cette manière, un de ses côtés doit pouvoir s'ouvrir afin qu'on puisse rapidement y introduire et en retirer la matière active. Dans ce genre de chambre d'ionisation, la boîte fait fonction d'anneau de garde.

Dans le cas des radiations pénétrantes, il est impossible d'avoir une chambre d'ionisation assez grande pour absorber tout le rayonnement qui entre dans le gaz; de la sorte, il n'y a qu'une fraction de l'énergie du rayonnement qui soit utilisée. On réalise une plus grande sensibilité en se servant de grandes chambres d'ionisation ; mais l'avantage ainsi obtenu est contre-balancé par l'accroissement de la fuite spontanée (§ 8) et par la difficulté d'atteindre à la saturation (§ 25).

Une autre manière d'accroître la sensibilité consiste à augmenter la pression du gaz à ioniser, mais la difficulté qu'il y a à construire des appareils *ad hoc* limite l'application de la méthode. Si l'on adopte cette méthode, il faut se rappeler que le voltage de saturation en sera accru (§ 25).

6. — Clef de mise à la terre.

Lorsqu'on se sert d'un électromètre, il est nécessaire d'employer des clefs d'une construction spéciale pour mettre les quadrants à la terre et pour les isoler. Une bonne forme de clef est celle que reproduit la figure 8. Une tige de laiton R à

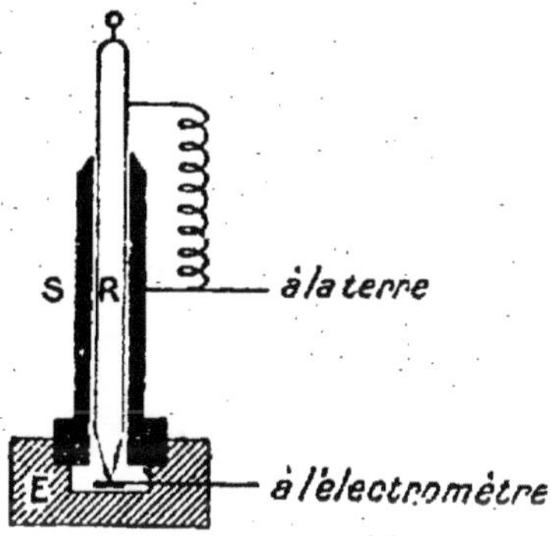

Fig. 8.

bout de platine est reliée à la terre, passe par un tube métallique S en communication avec la terre et peut entrer en contact avec une petite plaque de platine montée sur un bloc d'ébonite E. La plaque de platine est reliée aux quadrants, qui par conséquent sont à la terre quand la tige R touche la plaque de platine. Lorsqu'on lève la tige R, les quadrants se trouvent isolés, et un courant commence à passer de la chambre d'ionisation dans l'électromètre. On enferme la clef et ses connexions dans une boîte métallique pour les garantir de tout dérangement électrostatique. On lève et l'on abaisse la clef au moyen d'un cordon qui sort de la boîte métallique et passe sur une poulie. Il est quelquefois commode de remplacer la plaque de platine par un godet rempli de mercure, où plonge une tige de cuivre amalgamé.

7. — Mesure des courants d'ionisation.

Quand on veut mesurer des courants d'ionisation, il faut enfermer l'électromètre et toutes ses connexions dans des conducteurs métalliques reliés à la terre afin de les garantir contre les dérangements électrostatiques. Les fils conduisant à l'électromètre ne doivent pas être recouverts de coton ni d'autre substance isolante; on les maintient en place au moyen de supports en cire à cacheter ou en ébonite. Pour relier à la terre, le mieux est de faire usage des conduites d'eau; il faut avoir soin d'assurer de bons contacts au moyen de soudures. En négligeant ce point, on s'expose à des difficultés et à des pertes de temps.

On relie la chambre d'ionisation J à l'une des bornes d'une batterie donnant au moins 100 volts, l'autre borne étant à la terre (*fig.* 9). Un fil nu L passant par un tube T, qui est à la

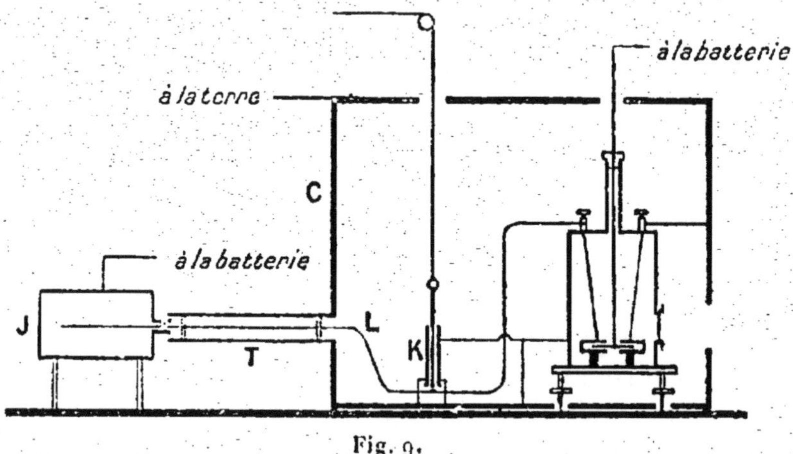

Fig. 9.

terre, entre dans la boîte C de l'électromètre et est relié à l'une des paires de quadrants au moyen de la clef de mise à la terre K.

La vitesse avec laquelle les quadrants se chargent est indiquée par le mouvement de l'aiguille, qui fournit ainsi une mesure du courant traversant la chambre d'ionisation. La manière la plus simple d'effectuer les mesures quand les courants sont faibles est d'observer avec un chronomètre le temps pris par l'aiguille de l'électromètre pour dévier d'un angle déterminé. Après qu'on a levé la clef, il faut attendre un moment avant de commencer les observations, car le mouvement de l'aiguille est d'abord irrégulier; aussitôt qu'il est devenu uniforme, on peut commencer les mesures. Cette méthode ne donne de résultats sûrs que si le mouvement de l'aiguille est lent, s'il ne dépasse pas 20^{mm} environ par minute sur une échelle placée à 1^m environ de l'électromètre. Quand le mouvement de l'aiguille est plus rapide, on réduit la sensibilité de l'instrument en interposant un condensateur (§ 11).

Une autre manière de mesurer des courants relativement forts est d'introduire une seconde clef au moyen de laquelle on puisse isoler les quadrants de la chambre d'ionisation lorsqu'un intervalle de temps déterminé s'est écoulé depuis qu'on a levé la première clef. Quand l'aiguille est devenue immobile, la déviation produite pendant cet intervalle donne une mesure du courant.

Pour pouvoir déterminer le courant en unités absolues, il faut connaître la capacité de l'électromètre et de ses connexions. On peut déterminer cette capacité en mesurant le courant qui traverse un gaz avec et sans une capacité connue à laquelle on compare celle de l'électromètre (§ 13).

Soient C la capacité de tout le système en unités électrostatiques, d le nombre de divisions franchies par le spot en une seconde et D la déviation obtenue pour une différence de potentiel de 1 volt entre les quadrants; l'intensité du courant est égale au produit de la capacité par le changement de potentiel par seconde, et par conséquent s'exprime, en unités électrostatiques, par l'équation

(9)
$$i = \frac{C\,d}{300\,D};$$

on introduit le facteur 300 pour convertir en unités électrostatiques la valeur D, qui est exprimée en volts.

Quand la capacité du système relié à l'électromètre n'est pas grande par rapport à celle de l'électromètre lui-même, la méthode donne prise à certaines objections ; car, lorsque l'aiguille se charge, elle change de position, de sorte que la capacité de l'électromètre paraît accrue [§ 2, équation (7)]. Aussi ne fait-on généralement plus usage de cette méthode quand on veut mesurer les courants en unités absolues.

Pour la détermination absolue d'un courant, on peut employer la méthode de zéro décrite au paragraphe 10 ; elle dispense de mesurer la capacité du système électrométrique.

8. — Fuite spontanée de l'électromètre et vérification de l'isolement.

Quand un électromètre communique avec une chambre d'ionisation de la manière indiquée au paragraphe 7, même en l'absence de toute matière radioactive, un courant provenant de la batterie traverse l'air et pénètre dans les quadrants lorsqu'on lève la clef de mise à la terre. Ce courant est connu sous le nom de *fuite spontanée ;* il est dû au fait que, dans les conditions normales, l'air est légèrement conducteur de l'électricité, ce qui tient à la présence de traces de matières radioactives dans l'atmosphère et au dégagement de radiations pénétrantes émanant du sol. Il peut y avoir en outre une faible déperdition d'électricité par la surface des isolants en l'absence d'anneaux de garde. Il faut tenir compte de la fuite spontanée quand on mesure l'ionisation produite par une source de rayonnement. C'est ce que l'on fait en déterminant la fuite spontanée avant et après une mesure et en en soustrayant la valeur de celle du courant d'ionisation observé. Lorsqu'on fait une longue série d'expériences, il est bon de déterminer de temps en temps la fuite spontanée, qui peut ne pas rester parfaitement constante. Elle ne doit pas dépasser un centième de volt environ par minute quand on se sert de l'électromètre sans y adjoindre de condensateur.

Pendant qu'ils se chargent, les quadrants tendent à perdre leur charge par déperdition à travers l'air et sur l'isolement. C'est pourquoi, lorsqu'on mesure de faibles courants d'ionisation, on observe généralement que la vitesse du mouvement de l'aiguille diminue un peu à mesure que la déviation croît. Pour vérifier l'isolement de l'électromètre, il faut charger à 1 volt environ ses quadrants et ses connexions, puis les isoler. En cas d'isolement imparfait, les quadrants perdront peu à peu leur charge. Si la perte ne dépasse pas un centième de volt environ par minute, l'isolement est satisfaisant; mais si la vitesse de la déperdition est de beaucoup supérieure à ce chiffre, il faut vérifier l'isolement section par section et nettoyer ou remplacer la pièce défectueuse.

Quand les quadrants sont isolés, ils peuvent se charger graduellement, même si l'on n'applique pas de voltage à la chambre d'ionisation. Cela peut être dû à deux causes. En premier lieu, si l'on a employé des métaux différents dans la construction de la chambre d'ionisation, des différences de potentiel de contact peuvent se manifester, mais elles sont sans effet quand on fait des mesures, vu que la différence de potentiel appliquée à la chambre d'ionisation est toujours grande par rapport à la différence de potentiel de contact. En second lieu, le courant peut être dû à des charges précédemment emmagasinées par les isolants, et ces charges peuvent se dégager petit à petit. On peut remédier à la chose en flambant les isolants, ou, si cela est impraticable, en laissant quelque temps du radium dans le voisinage de l'appareil pour en dissiper la charge.

Quand on a affaire à des radiations pénétrantes, on éprouve souvent de grandes difficultés à cause de l'ionisation, relativement forte, qui se produit à l'intérieur de l'électromètre et dans les intervalles entre les fils de jonction et les boîtes où ils sont enfermés, lesquelles sont à la terre. On peut diminuer l'ionisation qui se produit à l'intérieur de l'électromètre en plaçant loin de lui la source du rayonnement; mais la longueur des fils de jonction se trouvant ainsi augmentée, l'ionisation dans les espaces qui les entourent l'est également. On résout cette difficulté en rendant étanches les tubes contenant les fils de jonction et en y faisant le vide. Quand cela est nécessaire, on met l'électromètre sous une cloche où l'on puisse faire le vide. Avec ces précautions, il ne peut se produire de courants d'ionisation que dans la chambre d'ionisation. On peut réduire à quelques millimètres de mercure la pression de l'air contenu dans la cloche; l'amortissement des oscillations de l'aiguille n'en sera pas affecté, attendu que la viscosité de l'air est indépendante de la pression dans de larges limites.

9. — Mesure des courants d'ionisation par la méthode de la déviation constante.

Cette méthode, qui a été imaginée par Bronson ([1]), consiste à équilibrer le courant à mesurer par un courant traversant une grande résistance d'une valeur connue. Les connexions sont indiquées dans la figure 10. A est la chambre d'ionisation tra-

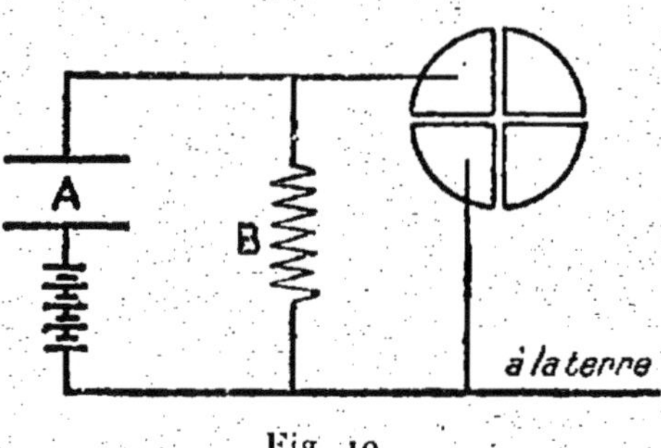

Fig. 10.

versée par le courant à mesurer et B une résistance forte et constante. Le potentiel des quadrants de l'électromètre croît jusqu'à ce que le courant traversant B soit égal à celui qui traverse A; la déviation de l'aiguille reste dès lors constante. Si B est un conducteur obéissant à la loi d'Ohm, le courant qui traverse la chambre d'ionisation est proportionnel à la déviation finale de l'aiguille, pourvu que l'échelle de l'électromètre soit uniforme.

([1]) BRONSON, *Phil. Mag.*, t. 11, 1906, p. 143.

Cette méthode de détermination du courant entraîne l'emploi d'une résistance élevée et constante qui doit être de l'ordre de 10^{10} ohms. On peut employer des résistances liquides formées d'un mélange de xylol et d'alcool ([1]). Un mélange d'une partie d'alcool séché à la chaux et de 10 parties de xylol a une résistance spécifique de 10^{10} ohms par centimètre cube. On s'est aussi servi de résistances gazeuses; on peut réaliser de pareilles résistances en mettant une substance radioactive sur un des plateaux d'une chambre d'ionisation, comme le montre la figure 7. L'activité de la substance choisie doit rester constante pendant une expérience; on fait généralement usage d'une pellicule de polonium ou d'une couche d'oxyde d'uranium. Quand le voltage est faible, le courant qui passe entre les plateaux obéit à la loi d'Ohm, et la déviation est proportionnelle au courant.

Dans l'application de cette méthode, il se produit des différences de potentiel entre les quadrants isolés et la terre par suite de l'effet Volta causé par la résistance B (§ 8). On peut trouver la grandeur de cet effet en détachant la chambre d'ionisation. Lorsqu'on isole les quadrants, le système se charge jusqu'à ce que le potentiel de Volta soit atteint; la déviation éprouvée de ce fait par l'aiguille doit être soustraite des observations que l'on fera ensuite sur le courant d'ionisation produit en A. Une autre méthode pour éliminer l'effet Volta consiste à le contre-balancer en appliquant à la résistance B un potentiel juste suffisant pour maintenir l'aiguille au zéro quand il ne passe pas de courant par A.

10. — Mesure des courants d'ionisation par une méthode de zéro.

Townsend ([2]) a imaginé une méthode exacte pour mesurer les courants qui traversent les gaz. Le courant passant par le gaz compris entre les électrodes A et A′ tend à charger l'électromètre; mais on contre-balance continuellement la charge qu'il

---

([1]) CAMPBELL, *Phil. Mag.*, t. 23, 1912, p. 668.
([2]) TOWNSEND, *Phil. Mag.*, t. 6, 1903, p. 598.

acquiert en induisant sur le système isolé une charge de signe opposé au moyen d'un condensateur K K' (*fig.* 11). Le plateau K

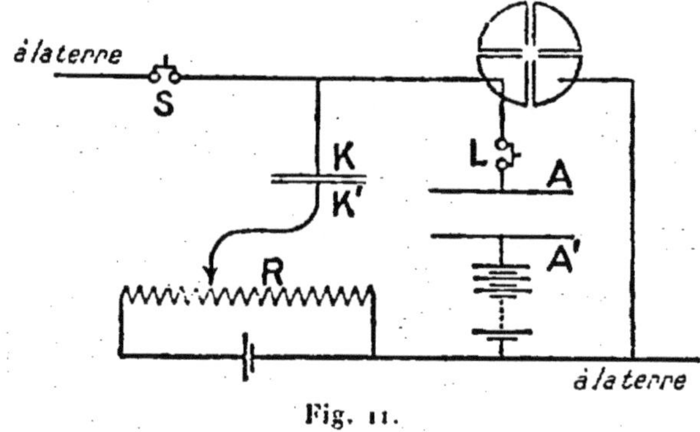

Fig. 11.

est relié à l'électromètre et le plateau K' à un potentiomètre R, comme l'indique la figure. Si l'aiguille de l'électromètre est maintenue ainsi au zéro, le courant d'ionisation traversant le gaz compris entre A et A' est égal à la charge induite sur le plateau K pendant l'unité de temps.

Si V est le potentiel acquis par le plateau K du condensateur dans le temps t, l'intensité i du courant qui traverse la chambre d'ionisation est exprimée par la relation

$$(10) \qquad i = \frac{VC}{t},$$

où C est la capacité du condensateur.

Pour faire les mesures, on isole l'électromètre en levant la clef S. L'aiguille de l'électromètre commence maintenant à se mouvoir; on ramène le spot au zéro et on l'y maintient autant que possible en faisant varier continuellement la position du contact sur la résistance R. Après un intervalle de temps suffisant, on sépare l'électromètre de la chambre d'ionisation en levant la clef L. On ramène ensuite l'aiguille *exactement* au zéro en réglant le point de contact sur la résistance R. De la position du contact on déduit le potentiel du condensateur. Par conséquent, si l'on connaît la capacité du condensateur, on peut tirer l'intensité du courant de l'équation (10). On peut aussi faire des mesures de courants sans connaître la capacité du système électrométrique. Cette méthode a été légèrement modifiée par Moulin ([1]) et par Lattès ([2]).

11. — Condensateurs.

Quand il s'agit de mesurer de forts courants d'ionisation, il est souvent nécessaire de réduire la sensibilité de l'électromètre. A cet effet, on relie aux quadrants isolés l'une des bornes d'un condensateur dont l'autre borne est à la terre. Le courant provenant de la chambre d'ionisation doit alors entrer dans le condensateur aussi bien que dans l'électromètre; il en résulte que les quadrants se chargent moins rapidement. La capacité d'un électromètre de Dolezalek et de ses connexions est ordinairement de 50^{cm} environ. Lorsqu'il est nécessaire de réduire beaucoup la sensibilité, on a avantage à se servir d'un condensateur subdivisé à mica du modèle ordinaire. Quand on a besoin de faibles capacités, il est préférable de faire usage de condensateurs à air reposant sur de petits supports isolants de soufre ou d'ambre à cause des difficultés dues aux charges résiduelles des diélectriques solides (§8). Gerdien ([3]) a construit un condensateur à air réglable et d'un emploi commode. Sa capacité varie de $50^{c\,m}$ à 500^{cm} environ.

Il est facile de construire un condensateur à air de capacité

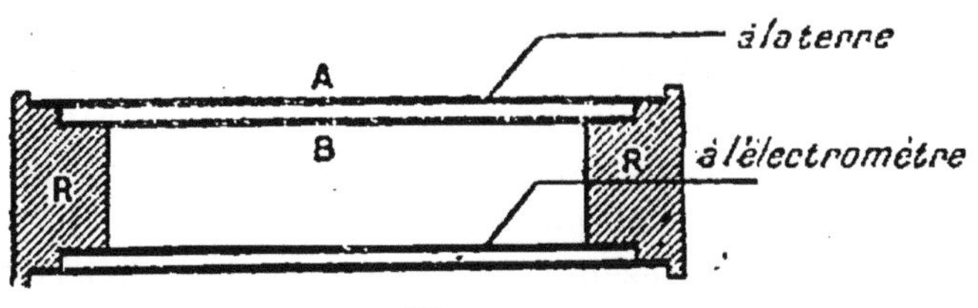

Fig. 12.

fixe, tel que celui qui se voit dans la figure 12. Il se compose essentiellement de deux tubes de laiton coaxiaux A et B séparés

---

([1]) MOULIN, *Le Radium*, t. 4, 1907, p. 190.

([2]) LATTÈS, *Le Radium*, t. 6, 1909, p. 73.

([3]) GERDIEN, *Phys. Zeitsch.*, t. 5, 1904, p. 291.

par deux bouchons d'ébonite R_1, R. Si les tubes sont longs, on peut calculer la capacité par unité de longueur au moyen de la relation

$$(11) \qquad C = \frac{1}{2 \log_e \dfrac{a}{b}},$$

où a est le rayon intérieur du tube A et b le rayon extérieur du tube B.

12. — Mesure de la capacité des condensateurs par la méthode des décharges multiples.

La méthode balistique ordinaire n'est pas assez sensible pour permettre de mesurer de faibles capacités telles que celles dont il est fait usage dans les mesures radioactives ; mais on peut faire cette détermination en chargeant et déchargeant alternativement le condensateur à des intervalles de temps très courts à travers un galvanomètre balistique [1]. Les détails expérimentaux ont été perfectionnés par Fleming et Clinton [2].

Si la capacité du condensateur, exprimée en microfarads, est C, et si on le charge chaque fois au potentiel V, le galvanomètre est traversé par une série de décharges égales chacune à CV microcoulombs. S'il y a n décharges par seconde, l'électricité qui traverse le galvanomètre est équivalente à un courant continu de CVn microampères ou de $CVn \times 10^{-6}$ ampère. Si n est connu, on peut déterminer la capacité du condensateur en microfarads en trouvant le courant qui donne la même déviation constante que la décharge intermittente. Pour convertir en unités électrostatiques (cm) la valeur obtenue, il faut la multiplier par 9×10^5.

La difficulté que présente cette méthode consiste à construire un interrupteur convenable sans introduire de capacité dans le système. On peut employer un diapason actionné électrique-

---

[1] J.-J. Thomson, *Phil. Trans.*, 1883, p. 718.
[2] Fleming and Clinton, *Phil. Mag.*, t. 5, 1903, p. 493.

ment et d'un ton connu pour réaliser un courant intermittent, qu'on envoie à travers un électro-aimant, comme le montre la figure 13. La lame d'acier A est alternativement attirée et

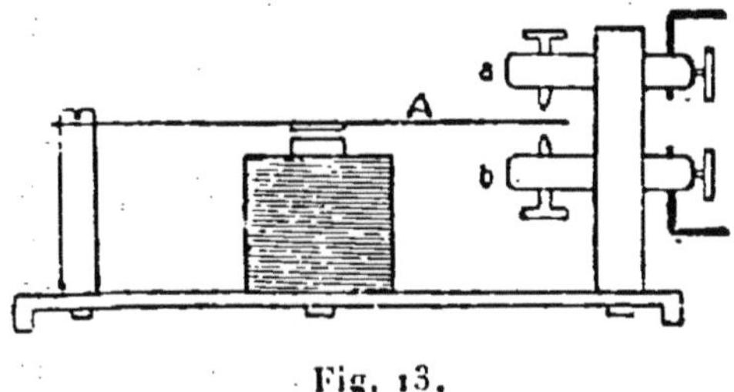

Fig. 13.

libérée par l'électro-aimant et entre ainsi en contact tantôt avec l'arrêt a, tantôt avec l'arrêt b. On peut donc faire usage de ce dispositif pour charger et décharger un condensateur à travers un galvanomètre avec une période qui est déterminée par celle du diapason.

13. — Mesure des capacités par des courants d'ionisation.

L'électromètre à quadrants permet de déterminer commodément la grandeur approximative d'une capacité. Une fois qu'on a mesuré la capacité de l'électromètre et de ses connexions, on peut comparer entre elles d'autres capacités. Les mesures se font ainsi qu'il suit. On relie de la façon ordinaire une chambre d'ionisation à l'électromètre, et l'on mesure au moyen de l'électromètre le courant produit par une source constante de rayonnement, par de l'oxyde d'uranium, par exemple. Si Q est la quantité d'électricité qui traverse le gaz ionisé dans l'unité de temps, et C la capacité de l'électromètre et de ses connexions, le potentiel acquis par le système dans l'unité de temps est égal à $\dfrac{Q}{C}$. Cette quantité doit être proportionnelle à la déviation θ_1 éprouvée par l'aiguille de l'électromètre. D'où

$$(12) \qquad \frac{Q}{C} = k\,\theta_1.$$

On relie ensuite à l'électromètre le condensateur B de capacité connue C', et l'on mesure de nouveau la vitesse avec laquelle les quadrants se chargent. Le courant qui entre dans le système électrométrique étant le même que précédemment, le potentiel acquis dans l'unité de temps sera maintenant $\dfrac{Q}{C+C'}$. Si la déviation est θ_2, on a la relation

$$(13) \qquad \frac{Q}{C+C'} = k\,\theta_2.$$

Combinant les équations (12) et (13), on obtient la relation

$$(14) \qquad \frac{C+C'}{C} = \frac{\theta_1}{\theta_2},$$

d'où l'on tire C en fonction de C'.

La capacité de l'électromètre une fois déterminée, on peut comparer immédiatement deux capacités quelconques. Si la méthode est simple, elle n'est pas très exacte; car, sauf dans le cas où les capacités sont presque égales, les vitesses du mouvement de l'aiguille de l'électromètre, avec et sans le condensateur, diffèrent tellement que la comparaison ne peut pas être faite d'une façon précise. En outre, il peut s'introduire des erreurs dues aux changements que subit la capacité de l'électromètre à mesure que l'aiguille dévie (§ 2), à moins qu'on ne mesure les courants en notant le temps qu'il faut dans chaque cas à l'aiguille pour éprouver la même déviation.

14. — Comparaison des capacités par la méthode d'induction.

On peut comparer avec exactitude les capacités de deux condensateurs en les reliant l'un et l'autre à un électromètre à quadrants et en induisant sur les condensateurs des quantités d'électricité égales mais de signes contraires. Dans ces conditions, l'aiguille de l'électromètre ne dévie pas. En mesurant les potentiels appliqués aux condensateurs pour induire les charges, on peut comparer les capacités.

La disposition de l'expérience est indiquée dans la figure 14. On relie l'une des bornes de chacun des condensateurs à comparer A et B à la même paire de quadrants d'un électromètre

qu'on peut mettre à la terre ou isoler au moyen de la clef K_1.
On relie les autres bornes des condensateurs aux deux extrémités C et D des résistances réglables R_1 et R_2, à travers les-

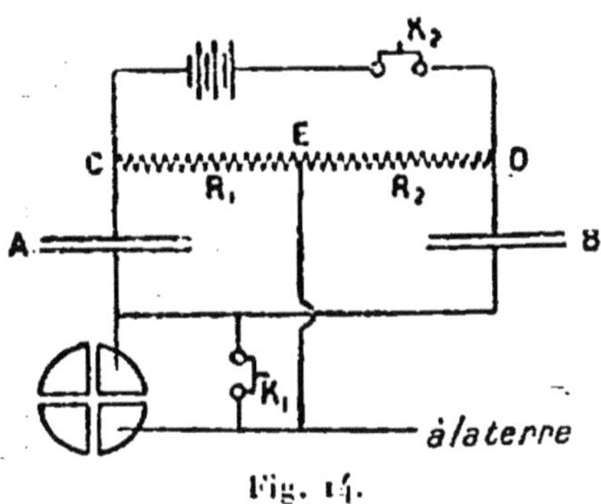

Fig. 14.

quelles on peut maintenir le courant d'une pile donnant
quelques volts. On relie le point E à la terre. Lorsqu'on
introduit la clef K_2, les condensateurs se chargent respectivement aux potentiels V_1 et $- V_2$. La relation entre les deux
potentiels est donnée par l'équation

$$(15) \qquad \frac{V_1}{V_2} = - \frac{R_1}{R_2}.$$

Or, si C_1 et C_2 sont les capacités des deux condensateurs, les
quantités d'électricité qui entreront dans chacun d'eux pendant
qu'ils se chargeront seront $V_1 C_1$ et $- V_2 C_2$, et si ces deux
quantités induisent des charges qui se neutralisent, l'aiguille
de l'électromètre ne déviera pas. Par conséquent, dans ces
conditions,

$$(16) \qquad \frac{C_1}{C_2} = - \frac{V_2}{V_1} = \frac{R_2}{R_1}.$$

Si donc on règle les résistances R_1 et R_2 de manière que
l'électromètre ne dévie pas quand on introduit la clef K_2, on
peut tirer le rapport des deux capacités de l'équation (16). On
peut doubler la sensibilité de la méthode en se servant en K_2
d'une clef qui inverse le courant au lieu de le produire.

L'avantage de la méthode consiste dans le fait qu'elle

permet de comparer entre eux des condensateurs de capacités très différentes, et par conséquent de déterminer la capacité de petits condensateurs en fonction de celle de grands condensateurs, qu'on peut étalonner par l'une quelconque des méthodes ordinaires. Mais il faut se rappeler que les différentes méthodes peuvent donner des valeurs un peu différentes pour la capacité d'un même condensateur en raison du fait que les isolants absorbent des charges. Cet effet est moins marqué dans les condensateurs ayant pour diélectrique de l'air ou de bon mica.

CHAPITRE II.

LES ÉLECTROSCOPES.

15. — Électroscopes à rayons α.

La figure 15 montre une forme très commode d'électroscope de sensibilité moyenne pour rayons α qui a été imaginée par Rutherford. Cet instrument se compose essentiellement d'un condensateur AB à plateaux parallèles contenu dans une cage

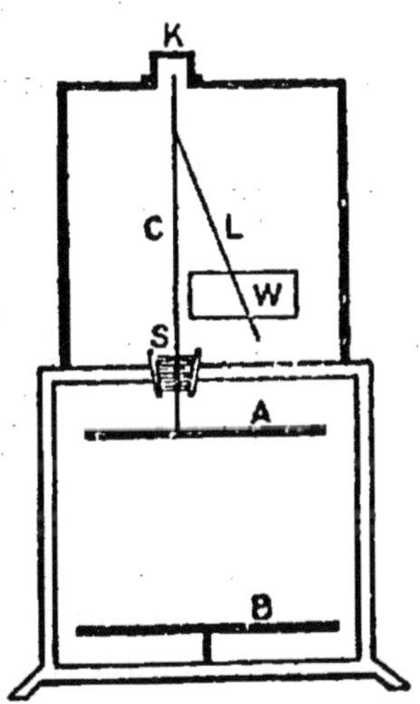

Fig. 15.

métallique dont on peut ouvrir l'un des côtés pour y introduire la matière radioactive ; le plateau inférieur communique avec la cage de l'instrument, qui est à la terre, et le plateau supérieur avec la tige C, qui traverse le bouchon isolant de soufre S et pénètre dans une seconde chambre contenant une feuille d'or ou de clinquant L. Cette feuille est fixée à la tige C, qui est aplatie d'un côté. Pour la charger, on enlève le couvercle K. On en observe le mouvement au moyen d'un microscope à travers une fenêtre W ménagée dans la cage, comme l'indique la figure. Du côté opposé se trouve une seconde fenêtre destinée à l'admission de la lumière.

Quand il s'agit de mesurer des sources très faibles de rayonnement α, l'instrument décrit ci-dessus ne convient pas, parce que sa capacité est relativement grande (12^{cm} environ). On construit, pour faire de pareilles mesures, un instrument plus sensible, que reproduit la figure 16. On donne à la cage de l'instrument soit la forme cubique, soit la forme cylindrique ; sa hauteur doit être d'environ 8^{cm}, pour que tout le parcours des particules α (§ 31) puisse y être contenu. La cage de l'électroscope et la tige A qui supporte la feuille d'or sont reliées en permanence à la terre. La feuille est isolée par une

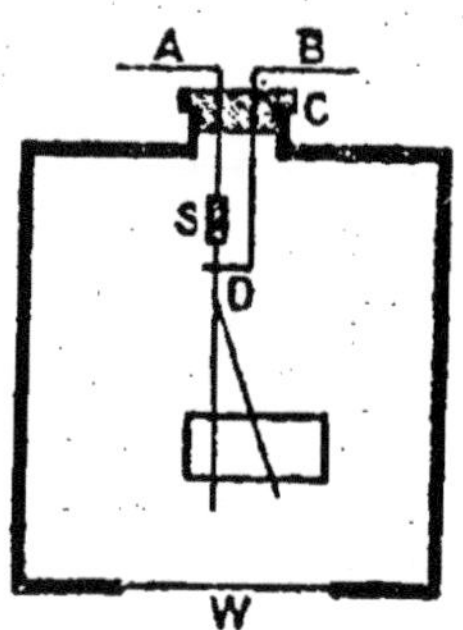

Fig. 16.

petite boule de soufre S et peut être chargée par contact avec la tige B, qui peut tourner dans le bouchon d'ébonite C. La partie D de la tige de charge B, devant assurer le contact, doit être faite de fil bien flexible, ou bien il faut disposer un arrêt pour empêcher que le support de la feuille ne se déplace quand on charge celle-ci ; autrement la capacité et le calibrage de l'instrument peuvent changer. Quand on fait tourner la tige B, elle se sépare de la feuille, puis se met à la terre. On place la matière active immédiatement au-dessous de la fenêtre W, qui est faite d'une feuille mince d'aluminium, de sorte que les rayons α peuvent pénétrer dans l'électroscope sans avoir subi d'absorption appréciable. Comme dans l'autre modèle d'électroscope, on observe le mouvement de la feuille au microscope à travers des fenêtres convenablement placées.

Dans bien des cas, il est préférable de mettre la matière radioactive à l'intérieur de l'électroscope; c'est pourquoi la paroi inférieure de la cage doit pouvoir s'enlever.

16. — Électroscopes à rayons β et γ.

Les électroscopes employés pour les rayons β et γ sont semblables à celui que nous avons décrit en dernier lieu et qui sert à l'étude des rayons α (*fig.* 16). Mais dans le cas des rayons β, la fenêtre en aluminium, au lieu d'être très mince, est d'une épaisseur juste suffisante pour arrêter les particules α, c'est-à-dire de 0^{mm},05 environ. On place la préparation active soit tout contre la fenêtre d'aluminium, soit à quelque distance, suivant la force de la matière examinée.

Dans le cas où l'on fait des mesures avec des rayons γ, on recouvre l'électroscope d'une feuille de plomb de 2^{mm} d'épaisseur pour la protéger de tous côtés contre les rayons β. Il ne suffit pas d'interposer un écran de plomb entre l'électroscope et la source, car de sérieuses erreurs peuvent être causées par des rayons excités dus aux rayons γ qui frappent des objets situés près de l'électroscope. Pour la même raison, les fenêtres de l'électroscope doivent être faites de verre épais: on peut en outre les munir de châssis de plomb qui les recouvrent partiellement. A moins de raisons spéciales, les parois de la cage d'un électroscope à rayons β ou γ ne doivent pas avoir plus de 10^{cm} de long environ.

17. — Mesures au moyen d'électroscopes.

Pour qu'un électroscope soit sensible, il faut que la feuille ait 1^{mm} ou 2^{mm} de large et 3^{cm} ou 4^{cm} de long. Pour faire les observations facilement et exactement, on se sert d'un télé-microscope ayant un champ de vision étendu et donnant un grossissement de 10 environ. L'oculaire est muni d'un micromètre portant environ 80 divisions distantes d'un dixième de millimètre environ. Les traits de ce micromètre ne doivent pas être trop fins.

On observe généralement le mouvement de la feuille en visant l'un de ses bords. Si l'on veut avoir un objet très délié à viser, on peut fixer un fil de verre ou de quartz extrêmement mince à l'extrémité inférieure de la feuille avec une petite parcelle de cire à cacheter ou de colle de pâte; mais il faut avoir soin que le poids du fil et de la cire employée pour le fixer soit aussi faible que possible, de manière à ne pas diminuer la sensibilité de l'instrument.

On éclaire la feuille au moyen d'une lampe placée à quelque distance de l'électroscope. Si la lampe est trop près de lui, il peut s'y développer des courants de convection, ce qui rend la feuille instable. Il vaut quelquefois mieux éclairer la feuille par de la lumière réfléchie émanant d'une source lointaine.

On peut charger la feuille à l'aide d'une tige électrisée de cire à cacheter ou d'ébonite; mais l'usage d'une batterie donnant environ 300 volts est préférable, car de cette manière la feuille est toujours amenée à la même division du micromètre du microscope.

Lorsqu'on fait des mesures, il faut, chaque fois que cela est possible, déterminer à l'aide d'un chronomètre le temps pris par la feuille pour parcourir un nombre donné de divisions. Cette manière de procéder est plus exacte que toute autre : elle élimine les erreurs dues au manque d'uniformité du micromètre. Mais on ne peut pas y recourir quand on mesure une source faible dont l'activité varie rapidement. Comme, dans ce cas, il faut comparer entre elles des mesures faites en différentes parties du micromètre, celui-ci doit être calibré (§ 18). La vitesse de l'aiguille le long du micromètre ne doit pas dépasser 40 divisions par minute. Pour la raison donnée au paragraphe 21, on ne doit pas employer l'électroscope immédiatement après avoir chargé la feuille ¡pour la première fois. A cause de la simplicité de leur construction et de la facilité de leur emploi, on se sert plutôt d'électroscopes que de l'électromètre à quadrants, toutes les fois que cela est possible, pour faire des mesures. La sensibilité des électroscopes est très grande ; ils permettent à un opérateur soigneux de faire des mesures exactes à 0,5 pour 100 près. Ils permettent aussi de déterminer facilement une variation d'activité de 1 à 50.

18. — Calibrage de l'échelle d'un électroscope.

Avant de commencer à faire des mesures avec un électroscope, il faut s'assurer si la feuille se meut d'une manière uniforme en examinant la sensibilité de l'instrument dans les différentes parties de l'échelle. A cet effet, on met de l'oxyde d'uranium ou quelque autre source constante de rayonnement dans l'électroscope ou près de lui, et l'on détermine la vitesse du mouvement de l'aiguille dans les différentes parties de l'échelle en notant les instants où elle passe sur les divisions successives. Pour que l'on obtienne des résultats exacts, l'intensité du rayonnement doit être telle qu'il donne une vitesse de décharge de 5 à 10 divisions par minute. Si la vitesse est beaucoup plus faible, les mesures prennent beaucoup de temps ; si elle est, au contraire, beaucoup plus grande, les observations deviennent inexactes.

L'échelle d'un électroscope une fois calibrée de cette manière, rien n'est plus simple que d'exprimer les observations que l'on fera ensuite avec l'électroscope en fonction de divisions particulières de l'échelle prises comme étalon. Le défaut d'uniformité de l'échelle, dans toute sa longueur, ne doit pas dépasser 5 pour 100.

19. — Fuite spontanée des électroscopes.

Comme dans le cas de l'électromètre à quadrants, on doit tenir compte de la fuite spontanée quand on fait des mesures à l'aide d'un électroscope (§ 8). Il faut déterminer la fuite spontanée avant et après les mesures, parce qu'elle peut changer légèrement par suite de variations de l'isolement, et aussi à cause de la contamination possible de l'instrument par des matières radioactives. Après avoir chargé l'électroscope, on l'abandonne à lui-même pendant environ un quart d'heure, puis on note le changement de position éprouvé par la feuille pendant ce temps. Il est bon de maintenir l'électroscope chargé pendant quelques minutes avant de commencer les mesures, car il peut se produire des perturbations quand la feuille vient d'être chargée (§ 21). Si l'isolement de la feuille est bon et qu'autrement l'appareil fonctionne d'une manière satisfaisante, la feuille ne se déplace pas de plus d'un dixième de division environ par minute, même avec un électroscope de faible capacité. Si la fuite spontanée est beaucoup plus grande, il faut nettoyer l'isolant de soufre en le grattant avec un canif; et si l'on ne réussit pas ainsi à réduire la fuite à sa valeur normale, il faut nettoyer l'intérieur de l'électroscope pour enlever la matière radioactive qui peut y adhérer. Il peut arriver que la fuite spontanée soit augmentée par la présence d'émanation de radium dans la pièce; dans ce cas, celle-ci doit être bien ventilée. Pour empêcher l'émanation de pénétrer dans l'électroscope, on doit, si cela est possible, le rendre étanche.

20. — Les feuilles des électroscopes.

Pour être sensibles, les électroscopes doivent avoir des feuilles d'or. Toutefois la difficulté que présente le découpage des feuilles d'or a conduit à l'emploi de l'aluminium et du clinquant, qui ont l'avantage d'être plus faciles à découper et à monter. En raison de la légèreté de l'aluminium, on se sert souvent de feuilles de ce métal; mais leur emploi doit être déconseillé lorsqu'il s'agit de faire des mesures exactes, à cause de leur rigidité. Au lieu de glisser uniformément le long de l'échelle du microscope, elles tendent à se mouvoir par soubresauts. Le clinquant est loin de présenter cet inconvénient au même degré.

On peut, sans grande peine, découper des feuilles de clinquant et d'aluminium entre deux feuilles de papier à l'aide de bons ciseaux, et les monter, tandis que le découpage et le montage des feuilles d'or sont des opérations demandant une certaine adresse. Il peut donc être utile de donner quelques indications sur la meilleure manière de faire ces opérations. Dans un cahier de feuilles d'or, on en prend une que l'on place entre deux feuilles de papier empruntées au même cahier et qui ne doivent pas être souillées de graisse. On met ensuite le tout bien à plat sur un matelas de papier buvard, et l'on découpe d'un seul coup de rasoir la petite feuille destinée à l'électroscope. On donne en général à cette feuille 1^{mm} ou 2^{mm} de large et 3^{cm} ou 4^{cm} de long. On la détache avec soin des deux feuilles de papier entre lesquelles elle se trouve et on la fixe par une parcelle de colle de pâte ou de laque en feuilles au support de laiton qui doit la maintenir en place dans l'électroscope. Il faut la tenir bien droite au moment où on la fixe, car, une fois que cela est fait, on ne peut pas en changer la position. Le fil de laiton qui soutient la feuille doit être très lisse, très propre et bien poli, sans quoi elle se colle contre lui.

Beatty ([1]) a imaginé un autre procédé pour découper les feuilles d'or. Il est un peu laborieux, mais donne de très bons résultats quand on l'emploie comme il faut. On fait fondre un peu de paraffine à la surface d'une plaque de verre bien propre, qui se trouve ainsi revêtue de cette substance. On met ensuite la feuille d'or à plat sur la paraffine et on l'y fait adhérer en chauffant légèrement la surface inférieure de la plaque. On répand ensuite quelques parcelles de paraffine sur la surface de la feuille et on les y fait fondre, de sorte que la feuille baigne dans la paraffine. Quand la paraffine est solidifiée, on découpe la feuille en feuilles petites et étroites, puis on chauffe la plaque et l'on en détache les petites feuilles en les soulevant doucement avec une épingle. Ensuite on met ces feuilles dans du xylol, et, quand la paraffine est complétement dissoute, dans un bain d'alcool. On les y transporte sur une feuille de papier qui empêche qu'elles ne se chiffonnent en traversant la surface du liquide.

([1]) R.-T. BEATTY, *Phil. Mag.*, t. 11, 1907, p. 604.

21. — Isolants.

Pour opérer avec des instruments électrostatiques de faible capacité, les seuls isolants dont on puisse se servir sont l'ébonite, la cire à cacheter, la silice fondue, le soufre et l'ambre; ces deux derniers sont de beaucoup les plus convenables pour les électroscopes à feuille d'or. La silice fondue, qui est un excellent isolant quand elle est pure, doit être choisie avec beaucoup de soin, car il y a de grandes différences de pouvoir isolant entre les différents échantillons. Elle rend de grands services à des températures quelque peu hautes, car c'est le seul isolant dont on puisse élever la température d'une manière appréciable.

On peut employer l'*ambre* soit à l'état naturel, soit sous les formes artificielles d'*ambrite* ou d'*ambroïde*, noms sous lesquels on trouve dans le commerce certaines espèces de poudre d'ambre comprimée. Sous n'importe laquelle de ces formes, l'ambre convient excellemment aux travaux comportant l'emploi d'instruments électrostatiques.

Le *soufre* est l'isolant le plus communément employé dans les électroscopes à feuille d'or. Il ne le cède à aucune autre substance en pouvoir isolant. On peut lui donner la forme que l'on veut en le fondant et en le coulant dans des moules de verre ou de papier. On doit avoir soin de ne pas le porter à une température trop élevée, sans quoi l'on constatera, une fois qu'il se sera solidifié, qu'il a perdu son pouvoir isolant : il faut le chauffer lentement et seulement jusqu'à ce qu'il soit fondu; on peut alors l'introduire par aspiration dans un tube de verre, où il se solidifiera; une fois solidifié, il se contracte graduellement, et au bout de quelques heures, on peut le pousser hors du tube. Son pouvoir isolant augmente pendant quelque temps après qu'il a été coulé. La petite boule de soufre doit être mise dans l'électroscope à une place telle qu'elle ne reçoive pas directement la lumière du jour, car le soufre perd son pouvoir isolant sous l'action de la lumière (¹).

(¹) BATES, *Le Radium*, t. 8, 1911, p. 312.

Quel que soit l'isolant employé, on a des difficultés, lorsqu'on fait des mesures délicates avec un électroscope, à cause des charges qui pénètrent dans l'isolement. Cette absorption est cause que les chiffres obtenus immédiatement après que l'on a chargé un électroscope sont souvent inexacts. Certains isolants sont bien inférieurs à d'autres sous ce rapport; telle la paraffine, qui, bien qu'étant un excellent isolant, ne peut être employée, pour cette raison, quand on opère avec un électroscope ou un électromètre. Avec l'ambre et le soufre, cet effet est relativement faible, mais il est cependant assez marqué encore pour donner lieu à des difficultés quand on fait des mesures délicates. L'effet en question diminue avec les dimensions de l'isolant, de sorte qu'il est très important que les supports isolants soient petits.

22. — Électroscopes à émanation.

On a souvent à doser de petites quantités d'émanation de radium; ce dosage exige l'emploi d'un type spécial d'électroscope. On introduit l'émanation dans l'électroscope lui-même ou dans une chambre d'ionisation communiquant avec lui. Les deux types d'instrument des figures 17 et 18 sont d'un

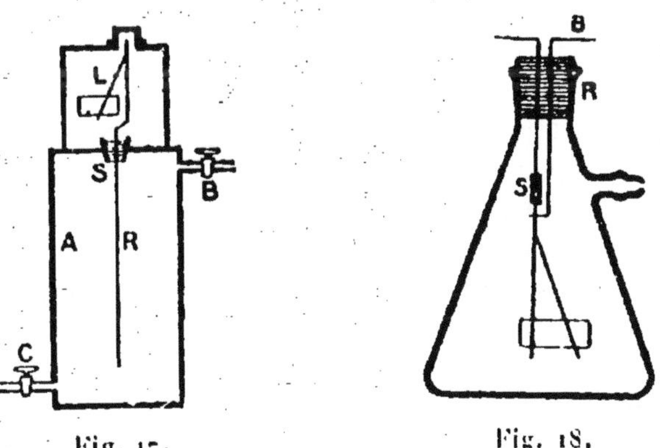

Fig. 17.　　　　　Fig. 18.

emploi général. Dans celui de la figure 17, il y a une chambre d'ionisation spéciale que l'on peut purger d'air par le robinet C et où l'on peut introduire par le robinet B le gaz à étudier. On

y établit la pression atmosphérique avant de faire les lectures.
L'ionisation est mesurée par le mouvement de la feuille
d'or L fixée à la tige R. L'isolement est réalisé par le bouchon
de soufre S, qui soutient la tige à laquelle est fixée la feuille
d'or.

Dans le second type d'instrument (*fig.* 18), l'émanation est
introduite directement dans la chambre contenant la feuille
d'or, qui peut être un vase à filtrer ordinaire argenté à l'intérieur. On gratte l'argent en deux endroits de façon à obtenir
des fenêtres; la feuille d'or, qui est isolée par la petite boule
de soufre S, est maintenue par le bouchon de caoutchouc R.
Une bande d'étain battu logée entre le bouchon et le col du
flacon sert à mettre à la terre la surface argentée. Un fil de
charge B traverse le bouchon; en le faisant tourner, on peut
l'amener en contact avec le fil qui soutient la feuille d'or.
Lorsqu'on emploie cet instrument, il faut avoir grand soin de
faire sortir et rentrer l'air lentement, car, si l'on ne prend pas
ces précautions, on risque que la feuille d'or se détache. La
meilleure manière d'éviter que cela arrive est de faire sortir
et rentrer l'air par un tube capillaire fin.

Les détails du dosage de l'émanation du radium sont donnés
au paragraphe 62.

23. — L'électroscope incliné.

Un électroscope très sensible qui, pour certaines mesures,
offre des avantages sur les électroscopes décrits plus haut, a
été construit par C.-T.-R. Wilson [1] et perfectionné dans
quelques-uns de ses détails par G.-W.-C. Kaye [2]. Cet instrument doit être employé conjointement avec une chambre
d'ionisation. Ses avantages consistent en ce que, par rapport
à un électromètre à quadrants, il a une très faible capacité
(elle est de quelques centimètres seulement), et qu'il peut
être rendu très sensible. Il est représenté dans la figure 19.

---

[1] C.-T.-R. Wilson, *Proc. Camb. Phil. Soc.*, t. 12, 1903, p. 135.
[2] G.-W.-C. Kaye, *Proc. Phys. Soc. Lond.*, t. 23, 1911, p. 209.

La cage métallique rectangulaire B, qui est à la terre, contient un plateau P, relié à l'une des bornes d'une batterie, dont l'autre borne est à la terre. L'instrument peut être incliné de n'importe quel angle. On observe la position de la feuille au moyen d'un microscope à travers une fenêtre ménagée dans la cage. La feuille est reliée par le moyen d'une clef à

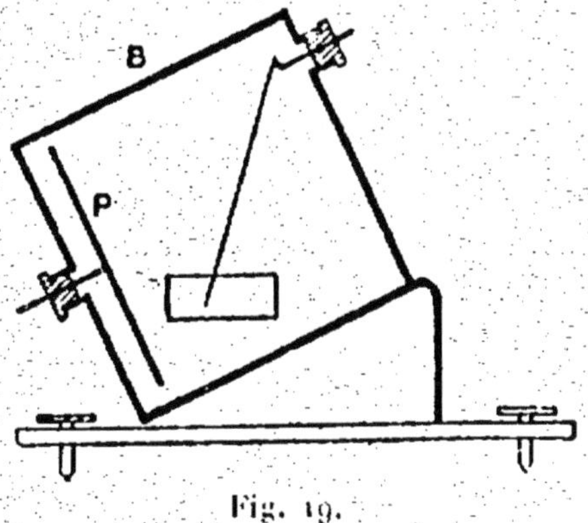

Fig. 19.

la chambre d'ionisation où passe le courant à mesurer, et elle est maintenue au potentiel de la terre jusqu'à ce que la mesure commence; alors on l'isole et on la laisse se charger. Sa position change à mesure que son potentiel s'élève.

Pour une inclinaison donnée de l'instrument, il y a une différence de potentiel entre la feuille d'or et le plateau pour laquelle la sensibilité est maximum. Cette différence de potentiel est plus grande pour de petits que pour de grands angles d'inclinaison; mais quand l'inclinaison est trop faible, la feuille devient instable sur une partie de sa course. L'angle auquel cela se produit est appelé *inclinaison critique*. Si l'on incline l'instrument de moins en moins, de façon que le plateau soit de plus en plus près d'être vertical, la feuille devient instable sur une plus grande partie de son parcours. Quand on se sert de l'instrument, on obtient la sensibilité la plus grande lorsque l'angle d'inclinaison est légèrement plus grand que l'inclinaison critique.

Pour régler l'instrument, on l'incline d'environ 30°. On fait varier le potentiel du plateau P jusqu'à ce qu'on ait obtenu la sensibilité maximum pour cet angle. Il faut ordinairement 200 volts pour atteindre ce but. Si l'on a besoin de la plus grande sensibilité possible, il faut trouver la sensibilité maximum pour différents angles, puis donner à l'instrument l'inclinaison la plus favorable. On constate alors que la feuille est presque dans une position d'instabilité. Il suit de ce qui précède que, si cet électroscope est très sensible, les déviations de la feuille ne sont pas proportionnelles au voltage qui lui est appliqué. Il faut donc ne faire porter les lectures que sur un nombre déterminé de divisions ou calibrer soigneusement l'échelle.

Par suite de la grande sensibilité de cet électroscope, les changements de potentiel du plateau P ont une grande influence sur lui. C'est pourquoi il faut se servir, pour charger le plateau, d'éléments donnant un voltage constant. Le mieux est de faire usage d'une batterie d'accumulateurs au cadmium, qui donne un potentiel très constant (*voir* note, p. 9).

24. — Électroscope à fils de quartz.

Wulf (¹) a imaginé un électroscope à fils de quartz, qui se voit dans la figure 20. Il se compose essentiellement de deux

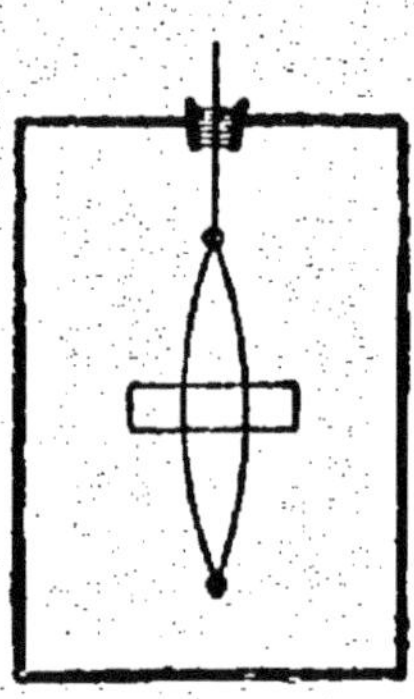

Fig. 20.

fils de quartz d'une longueur de 5ᶜᵐ ou 6ᶜᵐ, suspendus à une tige isolée. Les extrémités inférieures des fils sont fixées à un petit morceau d'étain battu qui sert de lest. On rend les fils

---

(¹) WULF, *Phys. Zeitschr.*, t. 8, 1907, p. 246, 527 et 780.

conducteurs au moyen de la cathode d'un tube de décharge,
qui projette sur eux du platine (¹). Quand les fils se chargent,
ils se repoussent mutuellement et forment une boucle, ce qui
élève un peu le petit morceau d'étain qui y est fixé. On mesure
à l'aide d'un microscope la distance entre les fils; elle est
presque proportionnelle au potentiel auquel ils ont été
chargés.

Le principal avantage que cet instrument possède sur l'électroscope ordinaire à feuille d'or est d'être presque apériodique.
Pour plus de détails, nous renvoyons le lecteur au Mémoire où
l'instrument est décrit.

(¹) BESTELMEYER, *Zeitschr. für Instrumentenkunde*, t. 25, 1905, p. 339.

CHAPITRE III.

L'IONISATION DES GAZ.

25. — L'ionisation des gaz par les radiations.

Lorsque les gaz sont traversés par certaines radiations, comme, par exemple, les rayons cathodiques ou les rayons de Röntgen, ils deviennent conducteurs de l'électricité. Les radiations des substances radioactives produisent le même résultat, et c'est sur cette propriété que repose la méthode généralement adoptée pour déceler les corps radioactifs et mesurer les intensités des rayonnements qu'ils émettent. Aussi importe-t-il d'étudier les lois qui régissent la conduction de l'électricité par les gaz avant de s'occuper du détail des phénomènes de la radioactivité.

Quand on soumet un gaz ionisé à l'action d'un champ électrique, il est traversé par un courant qui, tant que le champ n'est pas fort, est proportionnel à la différence de potentiel entre les électrodes plongées dans le gaz : en d'autres termes, le gaz se comporte comme un conducteur métallique et obéit à la loi d'Ohm. Lorsqu'on augmente la différence de potentiel au delà d'une certaine limite, le courant croît moins rapidement ; il finit par tendre vers une limite, devenant ainsi indépendant du voltage appliqué. Cette valeur limite est connue sous le nom de *courant de saturation*.

On a expliqué ce phénomène par l'hypothèse que l'agent ionisant produit continuellement dans le gaz des ions positifs et des ions négatifs, qui, en se rendant aux électrodes, transportent le courant. En l'absence d'un champ électrique, les ions se recombinent et se neutralisent mutuellement, et un état constant se trouve atteint quand leur vitesse de recombinaison est égale à leur vitesse de production. Sous l'influence d'un champ électrique, un certain nombre d'ions sont attirés aux électrodes avant de s'être recombinés, et, si l'on applique un champ assez fort, il extrait les ions dès qu'ils se forment. Le courant qui traverse le gaz cesse alors de croître avec le voltage, et la saturation est atteinte. Dans ces conditions, le courant donne une mesure de l'intensité de l'agent ionisant.

Lorsque l'on compare des rayonnements, on doit se servir de courants de saturation ; on fait des essais pour s'assurer si la différence de potentiel appliquée est suffisante. Il est difficile de prévoir quel potentiel il faudra dans un cas déterminé, car le voltage nécessaire pour produire la saturation dépend d'un certain nombre de facteurs complexes.

En premier lieu, le voltage de saturation augmente avec l'intensité du rayonnement; car à mesure que la concentration des ions du gaz augmente, la vitesse de recombinaison devient plus grande. En conséquence, il faut un voltage un peu plus élevé pour extraire les ions avant qu'ils se recombinent.

Les dimensions de la chambre d'ionisation ont également une influence sur l'intensité électrique nécessaire pour la saturation; car lorsque les électrodes sont éloignées l'une de l'autre, les ions ont une grande distance à parcourir avant d'y arriver; ce n'est donc qu'en se déplaçant très rapidement qu'ils peuvent ne pas se recombiner en traversant le gaz. Il est évident que, à mesure qu'augmente la distance entre les électrodes, la valeur du courant de saturation et l'intensité de la saturation augmentent également; car le nombre total des ions extraits du gaz est manifestement plus grand. La forme de la chambre d'ionisation a aussi une influence sur le voltage de saturation. Ainsi il est plus difficile d'obtenir la saturation dans une chambre d'ionisation cylindrique ayant une mince électrode axiale que dans une chambre à plateaux parallèles, car dans la première la force électrique diminue rapidement quand la distance à l'électrode centrale augmente. Par suite, bien que le champ puisse suffire à extraire tous les ions formés près de cette électrode, il peut se faire qu'il n'en soit pas ainsi pour ceux qui se sont formés loin d'elle.

Comme il était à prévoir, le voltage de saturation dépend

de la nature du gaz ionisé. En outre, on a montré que la présence de la poussière ou de l'humidité diminue la vitesse des ions et accroît ainsi la difficulté avec laquelle ils sont extraits par un champ électrique.

Il existe une différence assez remarquable entre les voltages de saturation correspondant aux différentes radiations, même quand elles se trouvent dans les mêmes conditions à tous les points de vue énumérés ci-dessus. Ainsi, pour la même intensité de rayonnement, mesurée par le courant de saturation dans un appareil particulier, le voltage de saturation est plus grand pour les rayons α que pour les rayons β; car une particule α produit beaucoup plus d'ions qu'une particule β par centimètre de parcours. Par suite, la concentration locale des ions engendrés par les rayons α est beaucoup plus grande que celle qui est produite par les rayons β; pour la même ionisation totale, il faut donc un voltage beaucoup plus

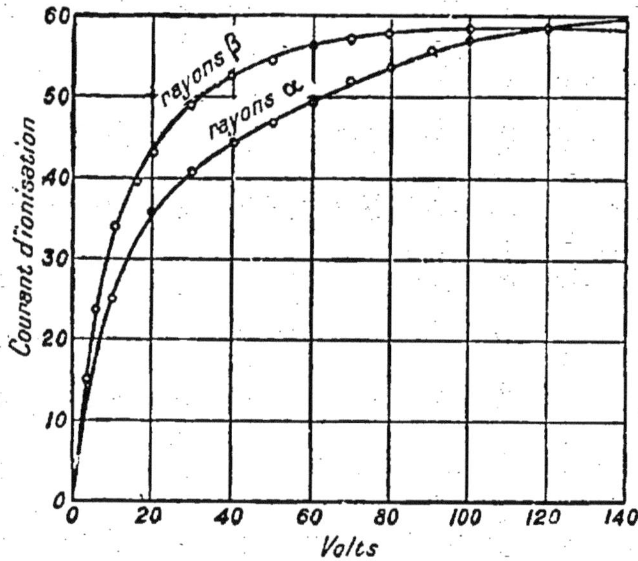

Fig. 21. — Courbes de saturation pour les rayons α et β.

grand pour produire la saturation avec les rayons α qu'avec les rayons β. Cet effet peut être étudié au moyen d'une chambre d'ionisation telle que celle qui est représentée dans la figure 6. La figure 21 montre des courbes typiques obtenues avec des rayons α et des rayons β de même intensité.

26. — Vitesse de recombinaison des ions [1].

Un gaz ionisé conserve son pouvoir de conduire l'électricité pendant quelque temps après que l'agent ionisant a été éliminé. Cela tient à ce qu'il faut aux ions un temps appréciable pour se recombiner. Comme cette recombinaison dépend de la rencontre des ions deux à deux, la vitesse de recombinaison est proportionnelle au carré du nombre des ions présents. Si donc on désigne par n le nombre total des ions présents à un instant quelconque, on a la relation

$$(17) \qquad \frac{dn}{dt} = - an^2,$$

où a est une constante qu'on appelle *coefficient de recombinaison*. Par conséquent, si n_1 est le nombre des ions présents à un instant déterminé et n_2 le nombre de ceux qui sont présents à un instant ultérieur quelconque t,

$$(18) \qquad \frac{1}{n_2} - \frac{1}{n_1} = at.$$

La vitesse de recombinaison des ions peut être étudiée et la loi exprimée par l'équation (18) peut être vérifiée à l'aide d'une méthode due à Rutherford [2]. Elle consiste essentiellement à déterminer la décroissance en fonction du temps du nombre des ions quand on fait passer par un tube un courant d'air ionisé d'une vitesse constante, le courant de saturation étant déterminé en différents points du tube. L'appareil se voit dans la figure 22.

Au moyen d'un grand récipient à gaz ou du dispositif décrit au paragraphe 55, on fait passer un courant d'air d'une

---

[1] Rutherford, *Radio-activity*, 1912. § 16.
[2] Rutherford, *Phil. Mag.*, t. 47, 1899, p. 109.

vitesse constante d'abord sur un agent de dessiccation, puis
par le tampon de coton W destiné à arrêter les poussières.
L'air passe ensuite sur de l'oxyde d'uranium placé en S et
s'ionise. Le nombre des ions présents diminue à mesure que
l'air avance le long du tube. A l'aide des fils A, B, C, on peut

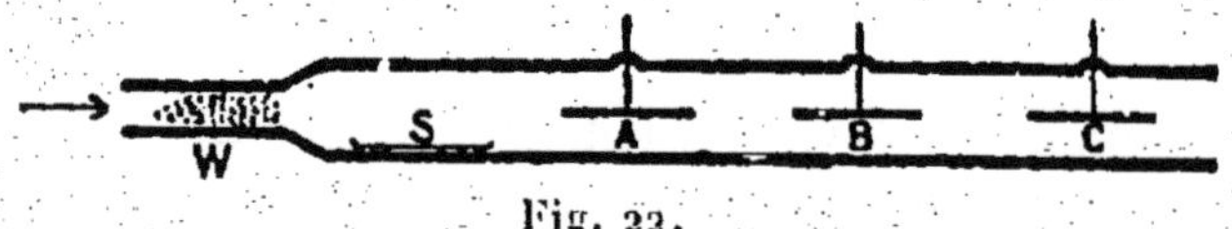

Fig. 22.

mesurer le courant de saturation à différentes distances de
l'uranium. On relie les fils à tour de rôle à un électromètre à
quadrants, et l'on applique au tube un voltage suffisant pour
produire la saturation. Les fils non reliés à l'électromètre
sont maintenus au même potentiel que le tube. Le courant
aux différents points du tube est déterminé en mesure absolue.
En admettant que la charge portée par un ion est égale à
$4,65 \times 10^{-10}$ unité E. S., on peut calculer les nombres n_1 et n_2
d'ions présents dans l'air à différents instants comptés à partir
de celui où il passe sur l'oxyde d'uranium. Le temps t que
prend l'air pour passer d'un fil au suivant se déduit de sa
vitesse de circulation. On calcule ensuite le coefficient de
recombinaison a au moyen de l'équation (18). Pour l'air, la
valeur de a est approximativement 10^{-6}.

Outre la perte par recombinaison, il y a une perte d'ions
par diffusion jusqu'aux parois du tube. Mais si le tube n'est
pas trop étroit, la perte due à la diffusion est faible devant
celle que produit la recombinaison. Si l'on peut débarrasser
complètement l'air de ses ions en le faisant passer par de la
ouate, c'est grâce à la diffusion : les interstices de la ouate
sont petits, et par suite les ions ont grande chance de perdre
leur charge par diffusion.

27. — Ionisation par collision [1].

Les radiations telles que les rayons cathodiques et les

---

[1] RUTHERFORD, *Radio-activity*, 1912, § 15.

rayons α et β se composent de particules chargées qui se meuvent avec une grande vitesse. Il était donc à prévoir que les ions contenus dans un gaz deviendraient eux-mêmes ionisants si on les faisait se mouvoir suffisamment vite. Sous l'influence d'un champ électrique fort, les ions se meuvent rapidement vers les électrodes, et Townsend [1] a montré que, quand la vitesse est assez grande, les ions produisent de nouveaux ions sur leur parcours. Or, pour une différence de potentiel constante, la vitesse avec laquelle les ions se meuvent à travers le gaz est inversement proportionnelle à la pression, si celle-ci n'est pas trop faible; mais à des pressions ne dépassant pas quelques centimètres de mercure, la vitesse de l'ion négatif croît très rapidement quand la pression décroît. On explique ce fait à l'aide de l'hypothèse qu'aux basses pressions l'électron initialement libéré dans le processus de l'ionisation se meut librement à travers le gaz, tandis qu'aux hautes pressions il s'attache à une molécule de gaz. Il se convertit ainsi en un ion négatif, et, en raison du grand accroissement de sa masse, se déplace plus lentement dans un champ électrique. Par conséquent, le champ qui suffira à produire des ions par collision sera plus faible pour les basses que pour les hautes pressions. Comme la charge positive est toujours associée à une grande masse, les ions positifs produisent moins facilement une ionisation par colli-

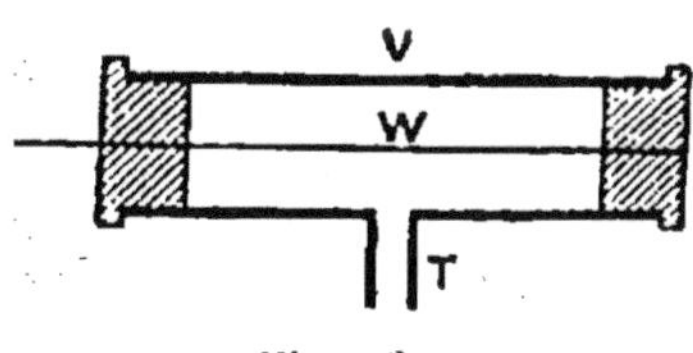

Fig. 23.

sion; ils ne peuvent le faire que quand le potentiel disruptif est presque atteint.

Cet effet peut être démontré et étudié à l'aide de l'appareil que représente la figure 23. Un fil isolé W est fixé suivant

---

[1] Townsend, *The Theory of Ionisation of Gases by Collision.* Constable and Co., Londres, 1910.

l'axe du vase cylindrique V, qui est maintenu à un potentiel positif par une batterie d'accumulateurs. On fait le vide dans le vase à travers le tube T jusqu'à ce que la pression y soit réduite à 1^{cm} de mercure environ. On applique au vase un potentiel d'environ 1 volt, et l'on mesure au moyen d'un électromètre le courant qui traverse le gaz. Lorsqu'on augmente le potentiel, le courant croît d'abord, comme il a été dit au paragraphe 25, et finit par atteindre la saturation. Mais si ensuite on augmente encore le potentiel, le courant recommence à croître rapidement; l'ionisation par collision a dès lors commencé à se produire.

La figure 24 montre certains résultats typiques. Les courbes

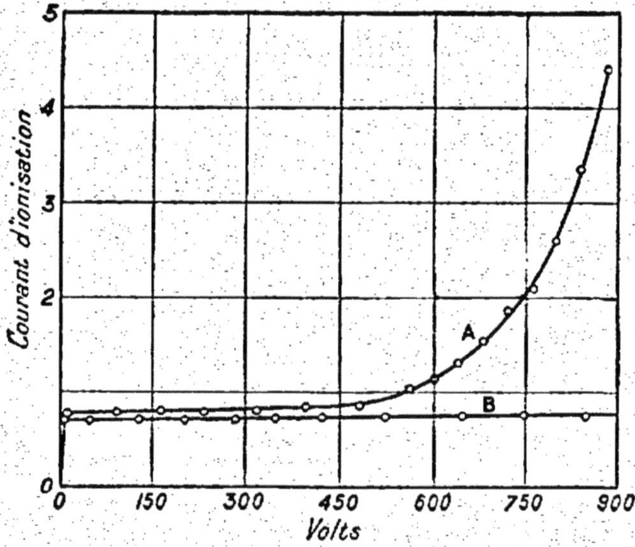

Fig. 24. — Variation du courant d'ionisation avec l'intensité du champ (ionisation par collision).

ont été obtenues au moyen d'une chambre d'ionisation de 2^{cm} de diamètre pourvue d'une tige axiale de 5^{mm} de diamètre. La pression de l'air était de 3^{cm} de mercure, et l'ionisation par collision commença à 400 volts environ. Si l'on réduit encore plus la pression de l'air et si l'électrode centrale est beaucoup plus mince, l'ionisation par collision commence à un voltage plus faible.

La courbe A se rapporte au cas où le tube était chargé négativement, et la courbe B à celui où il était chargé positivement. On voit que ces courbes ont des formes très différentes. Cette différence tient à ce que, dans le premier cas, les ions négatifs sont attirés dans le champ intense qui règne autour du fil et produisent l'ionisation par collision à un voltage relativement faible. Dans le second cas, les ions positifs entrent dans ce champ intense, et l'on a déjà signalé que les ions positifs ne sont pas propres à produire l'ionisation par collision.

28. — Mesure du rapport de la charge à la masse et de la vitesse des rayons cathodiques (¹).

Les rayonnements corpusculaires qui se manifestent en radioactivité sont caractérisés par la masse, la charge et la vitesse initiale des particules qui les composent. La masse des particules ne peut pas se mesurer directement, et la détermination de la charge portée par chaque particule présente de grandes difficultés expérimentales ; car, si c'est une opération relativement simple que de mesurer la charge portée par un rayonnement issu d'une source déterminée, la numération des particules qui constituent le rayonnement exige l'emploi de méthodes spéciales et compliquées. Mais le rapport de la charge à la masse peut être déduit, comme on le montrera plus loin, de mesures de la déviation éprouvée par les particules dans des champs électrique et magnétique. La même méthode offre aussi un moyen de déterminer la vitesse avec laquelle les particules se meuvent.

Les matières radioactives, ne constituant ordinairement que des sources faibles de rayonnement, se prêtent mal à ces mesures, qui s'exécutent plus facilement avec les rayons cathodiques. La méthode à employer avec les substances

---

(¹) Rutherford, *Radio-activity*, 1912, § 30 et 31. *Voir* aussi J.-J. Thomson, *Conduction of Electricity Through Gases*, 2ᵉ édition.

radioactives est d'ailleurs tout à fait analogue à celle qu'on
applique aux rayons cathodiques.

Dans le flux cathodique, les électrons sont projetés en lignes
droites. Ils sont déviés par un champ électrique ou magnétique
à cause de la charge qu'ils transportent. Supposons que les
rayons cathodiques soient produits dans un tube tel que celui
que représente la figure 25, et tombent sur l'écran phospho-

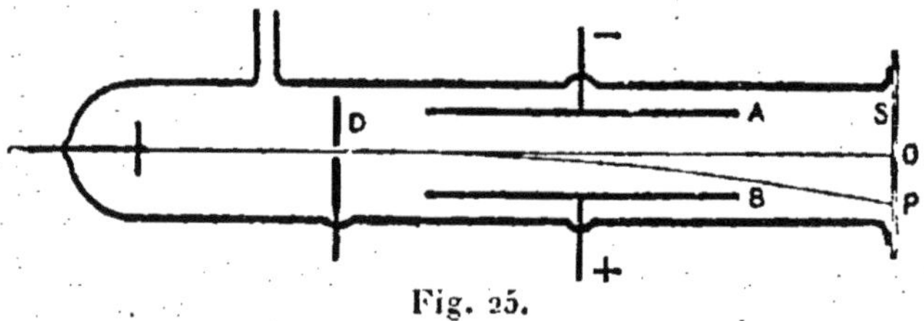

Fig. 25.

rescent S monté sur une plaque de verre fixée à l'extrémité du
tube. Ces rayons passent par une fente D ; on obtient ainsi une
bande phosphorescente étroite dont on note la position sur
l'écran S. Si maintenant on crée un champ électrique entre
les deux plateaux A et B, les rayons sont déviés et la bande
phosphorescente de lumière qu'ils produisent se déplace. Un
tube de 25^{cm} de long et de 5^{cm} de large, avec des plateaux dis-
posés à 2^{cm} l'un de l'autre, remplit les conditions voulues. La
largeur de la fente doit être inférieure à 1^{mm}.

Soit l la longueur des plateaux entre lesquels est établi le
champ électrique. Supposons que la distance k qui les sépare
soit petite par rapport à l. Comme le champ qui règne entre
les plateaux est uniforme, le problème est tout pareil à celui
d'un corps projeté horizontalement et sur lequel agit la gravi-
tation ; les électrons se déplaceront donc suivant une parabole.
Soit F la force électrique maintenue entre les plateaux, e la
charge portée par l'électron et m sa masse. L'accélération des
électrons vers le plateau B est $\dfrac{Fe}{m}$, et le déplacement x_1 qu'ont
subi les particules lorsqu'elles atteignent l'extrémité du champ
électrique est donné par la relation

$$(19) \qquad x_1 = \frac{1}{2}\frac{Fe}{m}t^2,$$

où t est le temps que prennent les particules pour traverser le champ électrique. En introduisant la vitesse u des particules, on pourra remplacer t par $\dfrac{l}{u}$; on obtiendra ainsi l'équation

$$(20) \qquad x_1 = \frac{1}{2}\,\frac{Fe}{m}\,\frac{l^2}{u^2}.$$

Après avoir quitté le champ électrique, les particules se meuvent le long d'une tangente à la parabole, et l'on peut démontrer qu'elles frappent l'écran en un point P, dont la distance x_2 à O est exprimée par la formule

$$(21) \qquad x_2 = \frac{Fe}{m}\,\frac{l}{u^2}\left[d + \frac{l}{2}\right],$$

où d est la distance de l'écran aux extrémités des plateaux A et B.

Comme le flux cathodique se compose de particules chargées négativement, il se comporte comme un conducteur transmettant un courant dans une direction opposée à celle où les particules cheminent. Si donc les rayons traversent un champ magnétique perpendiculairement aux lignes de force magnétique, ils seront soumis à l'action d'une force perpendiculaire à la direction de leur mouvement et à celle de la force magnétique. Si r est le rayon de courbure de leur trajectoire, la force centrifuge $\dfrac{mu^2}{r}$ en un point quelconque est égale à la force magnétique Heu, où H est l'intensité du champ magnétique. Donc

$$(22) \qquad He = \frac{mu}{r}.$$

Il suit de là que r est constant tout le long de la trajectoire, et que les rayons se courbent en un cercle, pourvu que leur vitesse ne change pas.

Pour pouvoir employer le même appareil que celui dont on fait usage dans les expériences sur la déviation électrostatique, il faut que le rayon de courbure soit assez grand pour que la déviation puisse être observée sur l'écran. Dans ce cas, on peut exprimer r en fonction de la déviation ; il faut alors modifier l'équation (22). Si le déplacement y_1 à l'extrémité du champ magnétique est petit par rapport à la longueur l du champ, il est facile de voir que

$$(23) \qquad y_1 = \frac{H e l^2}{2 m u}.$$

Si l'on observe le déplacement sur un écran disposé à une distance d de l'extrémité du champ magnétique, les rayons frappent l'écran à une distance y_2 de O telle que

$$(24) \qquad y_2 = \frac{H e}{m} \frac{l}{u} \left[d + \frac{l}{2} \right].$$

Des mesures des déviations électrostatique et magnétique des rayons cathodiques on peut déduire les valeurs de $\frac{e}{m}$ et de u au moyen des équations (21) et (24). La valeur de $\frac{e}{m}$ est de $1{,}86 \times 10^7$ unités E. M., et la vitesse est ordinairement comprise entre 10^9 et 10^{10} cm par seconde.

On peut aussi déterminer la vitesse des rayons cathodiques en contre-balançant l'une par l'autre ses déviations électrique et magnétique, de façon que les rayons ne soient pas déviés. On applique simultanément un champ électrique et un champ magnétique perpendiculaires entre eux et tels que, appliqués isolément, ils produiraient sur l'écran des déviations égales et opposées. Dans ces conditions, $x_2 = y_2$, et l'on tire des équations (21) et (24) la relation

$$(25) \qquad V = \frac{F}{H}.$$

Par conséquent, si l'on mesure F et H, leur rapport donnera la vitesse des rayons. Bien entendu, il faut exprimer les quantités F et H dans le même système d'unités.

CHAPITRE IV.

LES RAYONS ALPHA.

29. — Ionisation produite par différentes superficies d'oxyde d'uranium.

Comme les rayons α ne peuvent traverser qu'une petite fraction de millimètre d'une substance telle que l'oxyde d'uranium, l'ionisation produite par une couche de cet oxyde n'est due qu'au rayonnement émané d'une mince pellicule superficielle de la matière active. En conséquence, si la pellicule n'est pas extrêmement mince, son activité est indépendante de l'épaisseur de la couche et proportionnelle à sa surface. On le montre de la manière suivante. On met des couches d'oxyde d'uranium finement pulvérisé d'une épaisseur de 1^{mm} environ dans des vases plats et ronds en métal ayant respectivement 2^{cm}, 4^{cm} et 6^{cm} de diamètre environ. On doit avoir soin que les épaisseurs des couches soient approximativement égales et ne dépassent pas beaucoup 1^{mm}, sans quoi il faudrait faire une correction pour le rayonnement β, qui croît avec l'épaisseur. On mesure ensuite l'activité de chaque vase ; on constate qu'elle est proportionnelle à sa surface ; cependant il peut arriver que cette proportionnalité ne soit pas rigoureuse, à cause de l'absorption des rayons α par le bord des vases ; l'influence du bord est relativement plus grande lorsque le vase est petit que lorsqu'il est grand.

30. — Ionisation produite par différentes épaisseurs d'oxyde d'uranium.

Il est difficile de préparer des couches d'uranium assez minces pour qu'il se dégage des radiations α de tout le volume de la matière. On peut cependant obtenir ce résultat au moyen d'un procédé décrit par Mac Coy (¹). On applique fortement sur une feuille d'aluminium d'une épaisseur de $\frac{1}{10}$ de millimètre environ un anneau de verre dont on a rodé une des bases ; on obtient ainsi un vase étanche. On pulvérise finement l'oxyde d'uranium dans un mortier d'agate. On en prend une petite quantité, que l'on agite avec quelques centimètres cubes de chloroforme ou d'alcool, puis on verse rapidement le mélange sur l'aluminium. L'oxyde d'uranium en suspension se dépose bientôt, et on laisse le liquide s'évaporer.

On prépare un certain nombre de pellicules et l'on détermine au moyen de la balance leurs épaisseurs respectives. L'ionisation produite par ces pellicules commence par augmenter proportionnellement à l'épaisseur, puis atteint finalement une limite pour une épaisseur de $\frac{1}{100}$ de millimètre environ. Avec cette épaisseur, les rayons α provenant de la couche inférieure peuvent tout juste traverser la pellicule. Le Tableau suivant montre les résultats obtenus avec des pellicules d'une surface de 6$^{cm^2}$:

Tableau montrant comment l'activité α d'une pellicule d'oxyde d'uranium varie avec l'épaisseur de cette pellicule.

Poids de l'oxyde d'uranium.	Activité en divisions par minute.	Activité par unité de poids.
mg		
2,1	0,75	0,36
2,8	0,97	0,35
10,4	3,10	0,30
14,9	3,86	0,26
36,5	7,80	0,22

Grâce à la constance de son activité, une pellicule d'oxyde d'uranium constitue un étalon arbitraire commode (²). Pour comparer à cette activité celle des préparations et des minerais

---

(¹) Mac Coy, *Phil. Mag.*, t. 11, 1906, p. 176.

(²) Une pellicule très mince d'oxyde d'uranium donne un courant d'ionisation d'environ $1,2.10^{-3}$ unité E. S. par milligramme d'uranium.

radioactifs, on prépare de la manière indiquée plus haut des
pellicules des matières à essayer. On donne à ces pellicules
une épaisseur assez faible pour que leur activité soit proportionnelle à leur poids. Le Tableau suivant montre quelques
résultats obtenus avec des pellicules d'une surface de 6$^{cm^2}$:

Comparaison des activités des rayons α de différentes substances.

Substance.	Poids de la pellicule.	Activité	
		en divisions par minute.	par unité de poids.
	mg		
Oxyde d'uranium..............	2,1	0,75	0,36
Pechblende de Joachimsthal...	5,27	6,24	1,18
Oxyde de thorium (récemment préparé).....................	4,27	2,05	0,48
Thorite	5,29	1,41	0,27

Le procédé que nous venons de décrire n'est évidemment
pas applicable aux substances qui dégagent en abondance de
l'émanation.

31. — Les parcours des particules α et leur absorption par la matière ([1]).

Les particules α produisent une ionisation très intense sur
leur trajet dans un gaz, et perdent par là de leur énergie ciné-
tique; il en résulte qu'après qu'elles ont traversé quelques
centimètres d'un gaz à la pression atmosphérique, leur vitesse
est tombée au-dessous de la valeur à laquelle ils peuvent
ioniser. Le mécanisme par lequel les rayons α sont absorbés
est particulier à ce type de radiation : il n'y a pratiquement
aucune des particules qui soit arrêtée dans son trajet à travers
la matière avant d'avoir presque atteint la limite extrême de
son parcours. Vers la fin de leur trajet, la vitesse des particules diminue très rapidement; en fait, les particules se com-

---

([1]) RUTHERFORD, *Radio-activity*, 1902, § 66 et suiv.

portent comme si elles se trouvaient arrêtées brusquement après avoir traversé quelques centimètres de gaz à la pression atmosphérique. La distance totale que les particules parcourent avant d'être arrêtées est appelée leur *parcours*. Pour un produit particulier, les parcours de toutes les particules sont les mêmes; mais les particules d'origines différentes ont des parcours différents, qui, par suite, sont caractéristiques des substances d'où elles sont expulsées. Le parcours, qui dépend de la densité du gaz dans lequel se meuvent les particules, est inversement proportionnel à sa pression et directement proportionnel à sa température absolue. On doit donc spécifier la température et la pression auxquelles on a mesuré le parcours. Différents produits émettent des rayons α; les parcours de ces rayons dans l'air à 15°C. et à la pression atmosphérique varient entre $2^{cm},5$ (uranium) et $8^{cm},6$ (thorium C). Le parcours des particules α d'un produit donné est lié à la constante de transformation de ce produit, et l'on a établi, dans les séries de l'uranium, du thorium et de l'actinium, des relations reliant les parcours des particules α aux durées moyennes de vie des produits qui les émettent. En général, les produits dont la vie est courte émettent des rayons α à grand parcours, et *vice versa*.

On peut réduire la distance qu'une particule α parcourt dans l'air en interposant de minces feuilles métalliques dans le trajet des rayons; la différence entre les parcours de la particule sans et avec interposition de la feuille s'appelle le *pouvoir d'arrêt* de la feuille.

Il est facile d'étudier l'absorption par différents métaux des rayons α du polonium. En effet, ce corps ne se détruit que lentement et forme ainsi une source pratiquement constante de rayonnement α homogène.

Pour effectuer cette expérience, on met une pellicule de polonium, préparée de la manière décrite au paragraphe 69, dans un vase plat et rond, que l'on introduit dans un électroscope à rayons α. Les feuilles destinées à absorber le rayonnement peuvent être placées au-dessus de la matière active de façon à reposer sur le bord du récipient. Il faut avoir soin qu'elles ne touchent pas la pellicule, sans quoi elles pourraient être contaminées par du polonium qui se détacherait de celle-ci et devenir ainsi impropres à servir à d'autres expériences. On varie l'épaisseur de la couche absorbante du métal en augmentant le nombre des feuilles qui recouvrent le récipient. On détermine l'épaisseur de chaque feuille en la pesant et en mesurant la surface. On peut obtenir des feuilles d'aluminium d'une épaisseur de $0^{mm},003$ environ ; cette épaisseur est convenable. Si l'on construit une courbe donnant le rapport de l'ionisation produite dans l'électroscope à l'épaisseur de la couche absorbante d'aluminium (*fig.* 26), on constate que

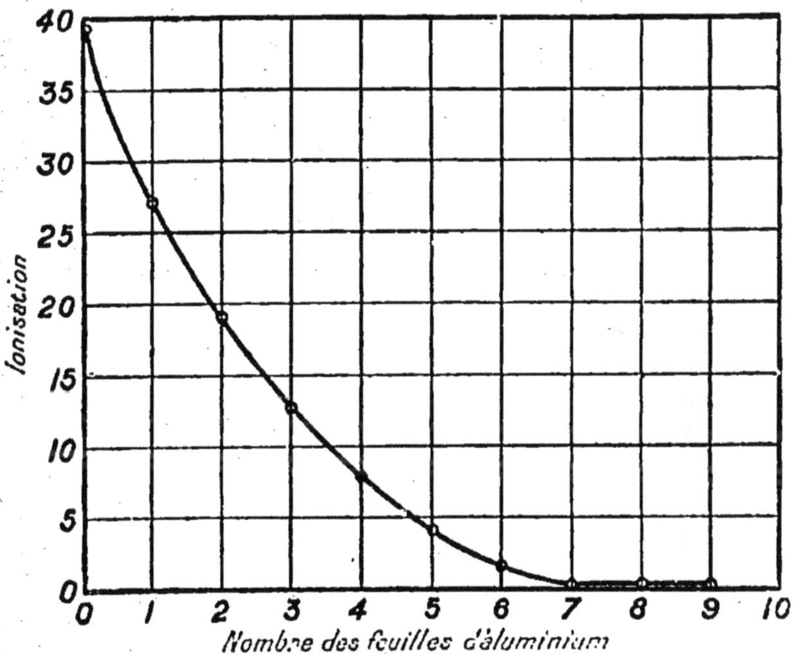

Fig. 26. — Absorption des rayons α par l'aluminium.

l'ionisation décroît graduellement quand l'épaisseur de l'aluminium croît, et qu'elle devient nulle pour une épaisseur d'aluminium de $0^{mm},029$. Ce chiffre représente le parcours dans l'aluminium des particules α émises par le polonium.

La difficulté qu'il y a à obtenir des feuilles suffisamment

minces des autres métaux empêche de déterminer de cette manière les parcours qu'y effectuent les particules α. On peut cependant comparer entre eux les pouvoirs d'arrêt de feuilles de différents métaux. On place la feuille au-dessus de la pellicule active et l'on détermine l'ionisation. L'épaisseur d'aluminium qui réduit l'ionisation dans la même mesure que la feuille est indiquée par la courbe d'absorption pour l'aluminium, et l'on trouve ainsi le pouvoir d'arrêt de la feuille en fonction de celui de l'aluminium. Nous donnons au paragraphe 36 une méthode plus précise pour déterminer le pouvoir d'arrêt.

32. — Variation de l'ionisation produite par une particule α le long de son trajet.

Bragg et Kleeman [1] ont montré que le pouvoir ionisant d'une particule α est approximativement constant pour la première partie de son parcours, qu'il atteint un maximum juste avant que celui-ci soit terminé, puis tombe rapidement à zéro.

La variation de l'ionisation produite par les particules α le long de leur trajet peut être étudiée au moyen de l'appareil représenté dans la figure 27, qui est une modification de celui de Bragg. Un plateau T, qui sert à porter la source des rayons α, est fixé à la paroi inférieure d'un électroscope à rayons α de façon à se trouver à $1^{cm},5$ ou 2^{cm} du plateau supérieur AA du condensateur. Le plateau AA est enfermé dans une boîte métallique CBCB fixée à la paroi supérieure de la chambre inférieure de l'électroscope. Le fond de la boîte est muni d'une grille formée de tubes perpendiculaires à BB, comme le montre la figure. Pour faire ces tubes, on roule des feuilles d'aluminium ou de cuivre en cylindres d'environ 1^{cm} de long et 5^{mm} de diamètre. La distance entre AA et BB est de 3^{mm} environ.

Le rayonnement de A est émis également dans toutes les directions, mais, par suite de la présence des tubes, les rayons

---

[1] Bragg et Kleeman, *Phil. Mag.*, t. 8, 1904, p. 726, et t. 10, 1905, p. 318.

à peu près perpendiculaires au plateau actif sont les seuls qui puissent atteindre l'espace compris entre AA et BB et ioniser le gaz qu'il contient. Une feuille d'aluminium très mince, qui recouvre le haut de la grille, empêche que les ions produits à l'intérieur des tubes ne soient attirés dans la chambre d'ionisation. Le dépôt actif du thorium convient comme source de

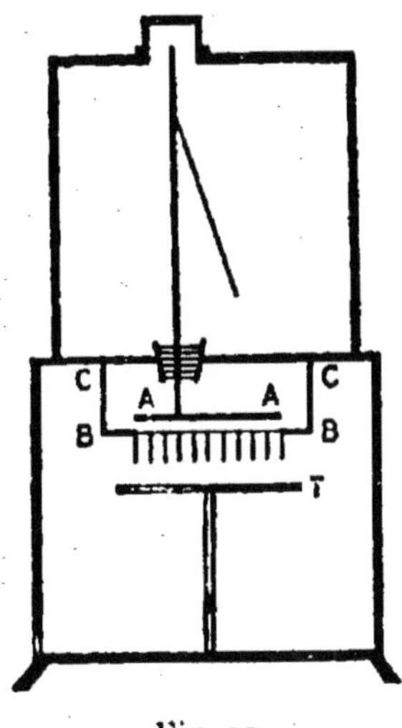

Fig. 27.

rayonnement à cause de la longueur du parcours des particules α qu'il émet. On peut préparer un plateau très actif en employant le procédé indiqué au paragraphe 44. Comme le dépôt actif se détruit avec une période de 10,6 heures, il faut faire des corrections pour la perte d'activité qu'il subit au cours d'une expérience (*voir* Appendice II). L'ionisation entre AA et BB est d'abord mesurée avec la source de rayonnement non recouverte. Puis on place au-dessus de la matière active des feuilles d'aluminium épaisses de $0^{mm},003$ et correspondant, pour le pouvoir d'arrêt, à 5^{mm} d'air environ. Nous donnons dans la figure 28 une courbe montrant l'ionisation pour différents nombres de feuilles superposées à la pellicule active. On voit que la courbe a deux maxima distincts correspondant respectivement aux particules α émises par le thorium C_1 et par le thorium C_2. L'activité résiduelle qui se manifeste après

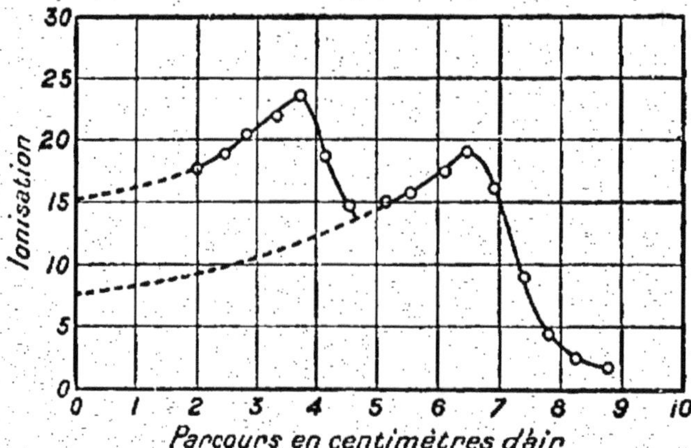

Fig. 28. — Ionisation produite par les rayons α du dépôt actif du thorium.

absorption complète des rayons α est due principalement au rayonnement β.

33. — Méthode pour compter les scintillations.

Crookes observa le premier que lorsqu'on approche du radium d'un écran au sulfure de zinc, la phosphorescence produite est due à un certain nombre d'éclairs indépendants, qu'on voit facilement à l'œil nu. On a montré depuis que chaque éclair observé sur l'écran est dû au choc d'une particule α, et que presque chacune des particules qui frappent l'écran produit une scintillation. On peut donc tirer parti de ce phénomène non seulement pour déceler la présence des particules α, mais aussi pour déterminer quantitativement le nombre des particules émises par la source de rayonnement (§ 64). On a là une méthode très directe pour l'étude des rayons α, et qui rend de grands services quand les autres méthodes sont inapplicables.

On fait généralement les observations au moyen d'un écran au sulfure de zinc, que l'on obtient en saupoudrant de ce sel fluorescent une mince plaque de verre. Une bonne manière de préparer un écran de ce genre consiste à recouvrir une plaque de verre d'une couche mince et uniforme d'une solution de baume du Canada dans le xylol. On abandonne la plaque à elle-même jusqu'à ce qu'elle soit presque sèche. On répand alors à sa surface du sulfure de zinc phosphorescent et on le fait pénétrer par frottement dans le baume du Canada (¹). Quoique les scintillations que l'on obtient en plaçant une source de radiations α près du sulfure de zinc puissent se voir à l'œil nu ou à l'aide d'une lentille, il vaut mieux, quand il s'agit d'un dosage, se servir d'un microscope à faible grossissement e' onstruit de manière à recueillir le plus possible de la lumière émise par les scintillations. Ce microscope comporte un objectif d'un grand pouvoir collecteur combiné avec un oculaire d'un faible pouvoir amplifiant. Le champ d'un microscope d'un grossissement de 70 est de 1^{mm^2} environ, ce qui suffit dans la plupart des cas (²). Pour la commodité de l'observation, on fixe à l'oculaire un bouchon percé d'un trou en son centre ; sans quoi il peut se faire que l'œil se déplace et que, par suite, un certain nombre de scintillations échappent à l'observation. Pour la même raison, il est bon de maintenir l'écran très faiblement éclairé pendant que l'on compte les scintillations. La meilleure source de lumière à employer à cet effet est une petite lampe électrique en série avec une résistance réglable. Dans une obscurité absolue, il est très difficile de garder l'œil fixé sur l'écran. Bien entendu, l'éclairement de l'écran doit être assez faible pour que les scintillations y apparaissent sous l'aspect d'éclairs distincts. Avant de commencer les observations, il faut rester dans l'obscurité pendant environ 20 minutes, afin de permettre à ses yeux de s'y habituer. Si l'on néglige cette précaution, on ne pourra guère compter les scintillations d'une manière certaine et précise. Le mieux est de compter pendant une ou deux minutes, de laisser reposer son œil, de compter de nouveau

---

(¹) SWEDBERG, *Zeitschr. für Phys. Chem.*, t. 74, 1910, p. 738.

(²) On a constaté que l'objectif Leitz n° 4, combiné avec l'oculaire n° 0, ce qui donne un grossissement de 70, ou l'objectif n° 3, combiné avec l'oculaire n° 0, ce qui donne un grossissement de 49, conviennent très bien.

pendant deux ou trois minutes, et ainsi de suite. On note le nombre des scintillations observées dans chaque intervalle de temps, et l'on mesure à l'aide d'un chronomètre la longueur de chacun de ces intervalles; de ces observations on déduit le nombre moyen des particules α qui frappent l'écran en une minute. C'est quand il y a environ 4o scintillations par minute que les mesures peuvent se faire avec le plus d'exactitude. Avec plus de 80 ou moins de 10 scintillations environ, la numération devient difficile et incertaine.

34. — Détermination du parcours des particules α au moyen des scintillations.

Pour déterminer le parcours des particules α d'une substance radioactive, on fixe un écran au sulfure de zinc au microscope de façon qu'il ne ballotte pas, et à une distance telle de l'objectif qu'il soit parfaitement au foyer. Le microscope, qui est monté sur une plate-forme graduée, le long de laquelle on peut le faire glisser, est amené tout près de la source de rayons α. Après avoir observé des scintillations sur l'écran, on éloigne graduellement celui-ci de la source. Lorsqu'on emploie comme source une pellicule de polonium, les scintillations cessent presque subitement quand la distance de la source à l'écran atteint $3^{cm},8$. Ce phénomène est particulièrement net quand la source est forte. La distance à laquelle les scintillations disparaissent se mesure sur l'échelle de la plate-forme où est monté le microscope; elle constitue le parcours de la particule α émise par le polonium. Cette méthode est applicable à d'autres produits à rayons α, comme, par exemple, le radium C, le thorium C et l'actinium C.

35. — Arrêt brusque des particules α au bout de leur parcours.

Nous avons dit que, lorsque les particules α traversent de l'air, il n'y en a presque aucune qui soit arrêtée avant de se trouver à quelques millimètres de la limite extrême de son parcours (§ 31). On peut vérifier la chose en comptant le nombre des scintillations qui se produisent sur un écran placé à différentes distances d'une source de rayonnement. Mais l'expérience est un peu compliquée par le fait que le nombre des particules α qui atteignent l'écran varie en raison inverse du carré de sa distance à la source. C'est pourquoi on ne peut faire des observations que pour de courtes distances ; en effet, lorsqu'on éloigne peu à peu l'écran de la source, le nombre des scintillations devient bientôt trop faible pour pouvoir être compté avec précision. Aussi est-il plus commode de faire cette expérience en maintenant l'écran à une distance fixe de la source et en interposant des feuilles de métal, ou en faisant varier la pression de l'air compris entre la source et l'écran. Lorsqu'on interpose des feuilles métalliques, on constate que le nombre des scintillations reste constant jusqu'à ce que l'épaisseur de l'ensemble des feuilles soit suffisante pour que le rayonnement soit presque arrêté. Si l'on continue alors à interposer des feuilles, le nombre des scintillations tombe rapidement à zéro.

L'expérience peut également s'exécuter à l'aide de l'appareil suivant. La source de rayonnement S est fixée à une tige D fixée elle-même à un bouchon de verre C, comme le montre la figure 29 ; on la place à quelque distance de l'écran au sul-

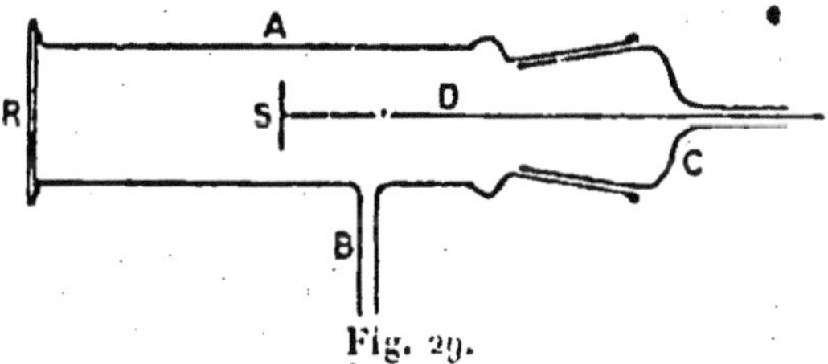

Fig. 29.

fure de zinc R, qu'on observe au moyen d'un microscope. On fait le vide dans le vase A par la tubulure latérale B. On compte, à différentes pressions d'air, le nombre des scintillations qui apparaissent sur l'écran. On constate que le nombre des particules α qui frappent R demeure constant jusqu'à ce que soit atteinte une certaine pression ; alors le nombre des scintillations diminue rapidement.

Comme le pouvoir d'arrêt de l'air est proportionnel à sa densité, on peut calculer, pour chaque observation, l'épaisseur

de la couche d'air à la pression atmosphérique qui équivaut à
la couche d'air comprise entre la source et l'écran. On peut
donc déterminer ainsi le parcours des particules α à la pression normale. La figure 3o reproduit des courbes typiques

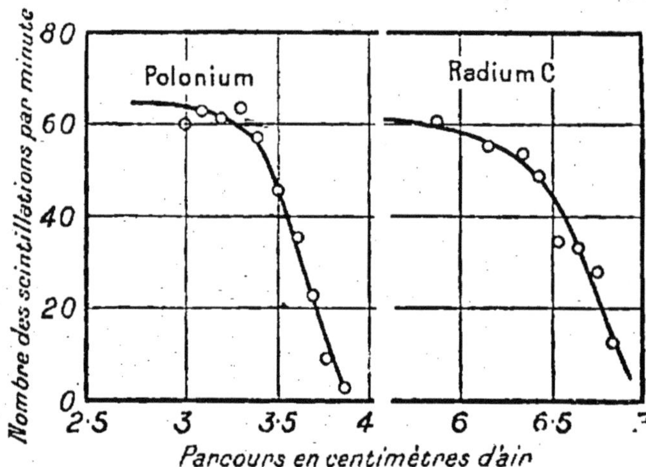

Fig. 3o. — Diminution du nombre des particules α
au bout de leur parcours dans l'air.

montrant la variation du nombre des particules α près de la
limite extrême de leur parcours. Ces courbes se rapportent
respectivement au cas du polonium et à celui du radium C.

L'appareil que nous venons de décrire peut aussi être
employé pour déterminer les parcours des particules α dans
différents gaz.

36. — Pouvoir d'arrêt des feuilles métalliques ([1]).

Nous avons déjà défini le pouvoir d'arrêt d'une feuille métallique, et nous avons indiqué une méthode pour en déterminer
la valeur (§ 31). Le pouvoir d'arrêt est une propriété atomique.
Pour un atome, il est proportionnel à la racine carrée de sa
masse, et pour une molécule il est proportionnel à la somme
des racines carrées des masses des atomes qui la composent ([2]).

([1]) RUTHERFORD, *Radio-activity*, 1912, § 71.
([2]) BRAGG et KLEEMAN, *Phil. Mag.*, t. 10. 1905. p. 318.

Si donc les nombres des atomes contenus dans deux feuilles métalliques de même surface sont inversement proportionnels aux racines carrées de leurs masses atomiques, les deux pellicules ont le même pouvoir d'arrêt.

Le pouvoir d'arrêt d'une substance dépend de la vitesse des particules. Pour les substances ayant à peu près le même poids atomique que l'air, le pouvoir d'arrêt est presque indépendant de la vitesse; mais pour les molécules lourdes, le pouvoir d'arrêt diminue un peu à mesure que diminue la vitesse des particules α qui les traversent ([1]).

On peut mesurer exactement les pouvoirs d'arrêt par la méthode des scintillations, qui se prête, par conséquent, à la vérification des lois énoncées ci-dessus. A l'aide d'une forte source de radiations α, telle qu'une plaque recouverte de polonium, on détermine le parcours des particules α. On interpose ensuite une feuille métallique dans le trajet des rayons, et l'on détermine de nouveau le point où les scintillations disparaissent. Le changement de position du microscope, après l'interposition de la feuille, mesure le pouvoir d'arrêt de celle-ci. Les chiffres suivants, donnés par Bragg et Kleeman, montrent le degré d'exactitude de la loi de la racine carrée.

Pouvoirs d'arrêt relatifs pour les particules α.

Substance.	Pouvoir d'arrêt de l'atome ou de la molécule.	$\sqrt{\dfrac{\text{Pouvoir d'arrêt de la substance}}{\text{Pouvoir d'arrêt de l'air}}}$ ([2]).
Hydrogène......	0,246	0,265
Air.............	1	1
Aluminium......	1,53	1,38
Cuivre.........	2,42	2,1
Argent.........	3,11	2,75
Étain..........	3,42	2,88
Platine........	4,12	3,7
Or.............	4,45	3,7

([1]) TAYLOR, *Phil. Mag.*, t. 18, 1909, p. 604.

([2]) Le poids atomique de l'atome hypothétique d'air est considéré comme étant de 14,4.

On mesure la variation du pouvoir d'arrêt avec la vitesse des particules α en interposant la feuille à différentes distances de la source. On constate que le pouvoir d'arrêt est presque indépendant de la vitesse, ainsi qu'il a été dit plus haut.

37. — La théorie des probabilités appliquée à l'émission des particules α ([1]).

Si l'on fait tomber des particules α sur un écran phosphorescent, le nombre des scintillations qui apparaissent dans un temps donné varie lors même que la source de rayonnement est constante. Ainsi, quand on dit qu'une source émet un certain nombre de particules α par minute, il s'agit d'une *moyenne;* le nombre réel des particules engendrées dans des minutes différentes peut varier dans de larges limites. On peut étudier ce phénomène par la méthode qui consiste à compter les scintillations ; elle offre un moyen intéressant de vérifier la théorie des probabilités appliquée aux transformations atomiques.

Si l'on compte le nombre des scintillations produites dans des intervalles de temps successifs et courts par une source constante de rayonnement α, on constate des variations que l'on peut comparer aux fluctuations prévues par la théorie des probabilités. Bateman ([2]) a montré que, si a est le nombre moyen vrai des particules reçues par un écran phosphorescent dans un intervalle de temps donné, la probabilité p que n particules soient observées dans cet intervalle est donnée par la relation

$$(26) \qquad p = \frac{a^n}{n!} e^{-a},$$

où l'on peut donner à n les valeurs 0, 1, 2, 3, ...

Pour vérifier cette équation, on dispose une plaque recouverte de polonium à une distance telle d'un écran au sulfure de zinc qu'il apparaisse sur celui-ci 50 scintillations environ

---

([1]) RUTHERFORD, *Radio-activity*, 1912, § 75.
([2]) BATEMAN, *Phil. Mag.*, t. 20, 1910, p. 704.

par minute. On détermine ensuite le nombre des scintillations qui y apparaissent dans des intervalles successifs égaux d'environ 15 secondes. Comme l'expérience doit être faite dans l'obscurité, il faut, pour pouvoir enregistrer les scintillations, recourir à l'aide d'un second observateur, ou bien employer un procédé automatique. On peut marquer l'apparition de chaque scintillation sur un ruban qui se meut avec une vitesse constante et connue et compter ensuite le nombre des scintillations produites dans des intervalles successifs de 15 secondes. Il faut poursuivre les observations pendant un grand nombre d'intervalles, 500, par exemple; des chiffres trouvés on déduit le nombre moyen de scintillations. On classe ensuite les observations en différents groupes correspondant aux différents nombres de scintillations observées dans chaque intervalle de 15 secondes.

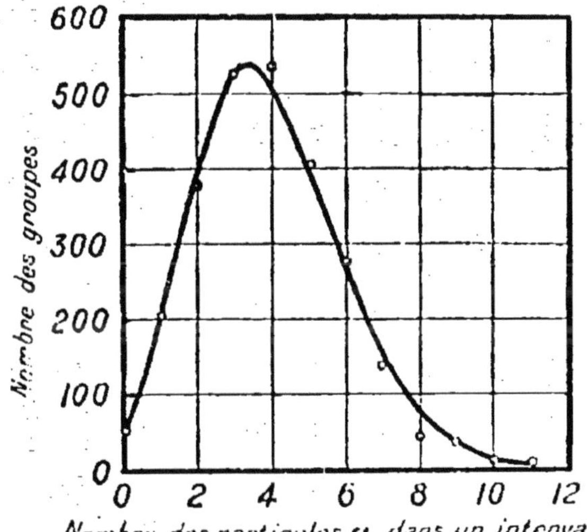

Fig. 31. — Courbe donnée par le calcul des probabilités pour l'émission des particules α.

Du nombre moyen a des scintillations qui ont apparu dans l'intervalle de temps choisi on tire la valeur de p pour les différentes valeurs de n, ce qui permet de construire une courbe théorique telle que celle de la figure 31. Dans l'exemple donné,

$a = 3.8$ pour un intervalle de temps de 15 secondes. Les points marqués sur la courbe sont expérimentaux ([1]). Le degré de concordance entre les courbes expérimentale et théorique dépend, naturellement, du nombre d'intervalles de temps sur lequel s'étendent les observations. Plus longtemps on poursuivra l'expérience, plus exacte sera la concordance.

On peut considérer le phénomène d'un point de vue un peu différent ([2]). Au lieu d'envisager la probabilité qu'un nombre quelconque de scintillations se produise pendant un temps donné, on peut calculer la probabilité qu'un intervalle de temps déterminé s'écoule entre deux scintillations consécutives, et comparer le chiffre théorique à celui que fournit l'expérience; si $\frac{1}{a}$ est l'intervalle de temps moyen entre deux scintillations consécutives, on peut démontrer que la probabilité qu'il y ait un intervalle plus grand que t et moindre que $t + \partial t$ est exprimée par la formule

$$p = a\, e^{-at}\, \partial t.$$

Il résulte de cette équation que la probabilité d'un intervalle court est toujours plus grande que celle d'un intervalle long.

([1]) RUTHERFORD et GEIGER, *Phil. Mag.*, t. 20, 1910, p. 698.
([2]) MARSDEN et BARRATT, *Proc. Phys. Soc.*, t. 23, 1911, p. 367.

CHAPITRE V.

LES RAYONS BÊTA ET GAMMA.

38. — Absorption des rayons β par la matière (¹).

Pour étudier l'absorption des rayons β par la matière, on met
la lame active à examiner à une distance telle d'un électroscope
à rayons β qu'elle donne un courant d'ionisation de 40 divisions environ par minute. On interpose dans le trajet des
rayons des couches minces de la matière absorbante, et l'on
mesure l'activité à travers des épaisseurs croissantes. Il faut
placer les feuilles absorbantes tout près de l'électroscope afin
d'éviter les complications dues à la dispersion (§ 40).

Rayonnement β émis par l'oxyde d'uranium. — On met à la
distance voulue de l'électroscope un vase plat d'environ 6^{cm} de
diamètre, contenant à peu près 50^g d'oxyde d'uranium. On
interpose différents nombres de feuilles d'aluminium, d'une
épaisseur de $0^{mm},1$ environ, et l'on observe dans chaque cas
l'ionisation produite dans l'électroscope. Comme les feuilles ne
sont pas ordinairement d'une épaisseur tout à fait uniforme,
on pèse chacune d'elles pour en déterminer l'épaisseur
moyenne. On constate que l'ionisation diminue graduellement
quand l'épaisseur de la couche absorbante augmente, et qu'elle
finit par tendre vers une limite constante peu élevée. Cette
activité résiduelle, qui ne diminue pas quand on augmente
l'épaisseur de la couche absorbante, est due aux rayons γ.
Pour trouver l'ionisation produite par les rayons β seuls, il
faut soustraire l'ionisation due aux rayons γ de chacune des
valeurs de l'ionisation obtenues avec les différentes épaisseurs

---

(¹) RUTHERFORD, *Radio-activity*, 1913, § 82.

d'aluminium interposées. On construit une courbe, en portant
en abscisses les épaisseurs d'aluminium interposées et en
ordonnées les valeurs obtenues pour le rayonnement β qui

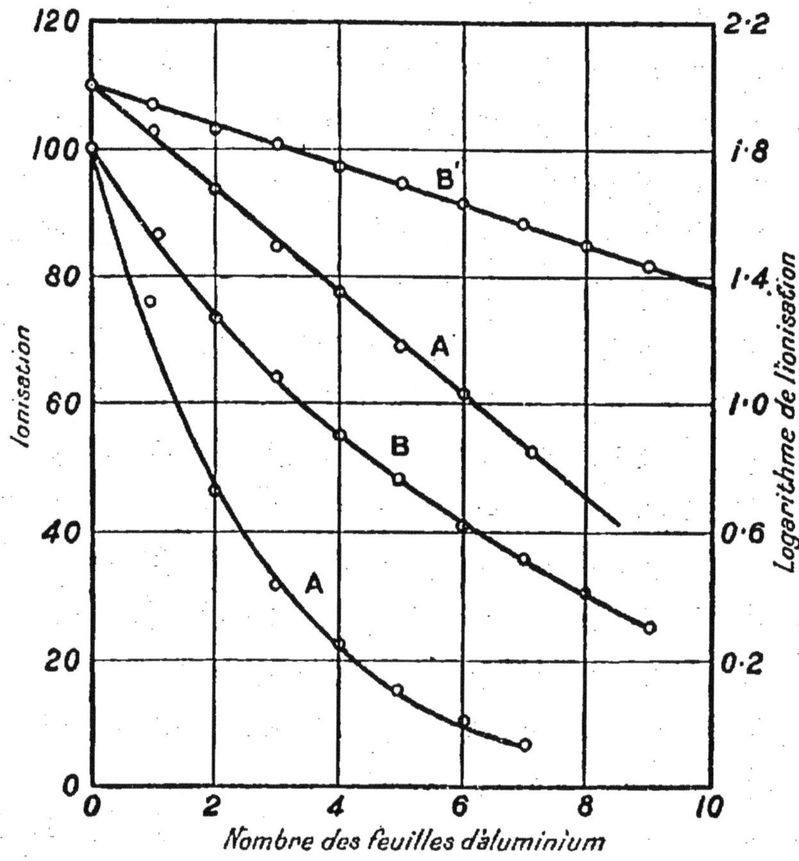

Fig. 32. — Absorption des rayons β de l'uranium et du radium E
par l'aluminium.

entre dans l'électroscope (*fig.* 32, B). On constate que l'ionisation décroît exponentiellement quand l'épaisseur de l'aluminium augmente, comme le montre la ligne droite obtenue en
portant en abscisse l'épaisseur et en ordonnée le logarithme de
l'activité (*fig.* 32, B').

Si I_0 est l'ionisation produite dans l'électroscope quand on n'interpose pas d'aluminium et I l'ionisation quand les rayons traversent une épaisseur d d'aluminium,

$$(28) \qquad I = I_0\, e^{-\mu d}.$$

La constante μ est connue sous le nom de *coefficient d'absorption* des rayons β par l'aluminium. On peut déduire sa valeur de la courbe A', car

$$(29) \qquad \mu = \frac{1}{d}\log_e \frac{I_0}{I} = \frac{2,302}{d}(\log_{10} I_0 - \log_{10} I).$$

On répète l'expérience avec des feuilles d'autres métaux. Les coefficients d'absorption par l'aluminium, le cuivre et le plomb des rayons β de l'uranium X sont respectivement $15^{cm^{-1}}$, $66^{cm^{-1}}$ et $103^{cm^{-1}}$.

Rayonnement β du radium E et des dépôts actifs. — Il convient de répéter l'expérience avec d'autres produits radioactifs émettant des rayons β, comme, par exemple, le radium E. Les rayons β de ce produit sont absorbés plus facilement que ceux de l'oxyde d'uranium et sont, dit-on, plus mous (*fig.* 32, A et A'). Pour obtenir une courbe d'absorption, on doit faire usage de couches plus minces que lorsqu'on opère sur l'oxyde d'uranium. On obtient en général des résultats semblables à ceux que donne l'oxyde d'uranium.

On peut également s'adresser au dépôt actif de l'actinium, mais alors les mesures sont compliquées par la destruction de la matière active au cours de l'expérience. La vitesse de destruction dépend de la période de l'actinium B; comme on sait que cette période est de 36,3 minutes, on peut faire des corrections pour la décroissance éprouvée par l'activité pendant l'expérience si l'on marque l'instant de chaque observation (Appendice II).

Dans les trois cas dont il vient d'être question, la courbe d'absorption est exponentielle, ce qui montre que chacune des couches successives de matière absorbante qu'on interpose produit la même réduction centésimale du rayonnement qui

reste après la traversée des couches précédentes. On pourrait
penser que l'existence d'une loi exponentielle d'absorption
prouve que tous les rayons ont la même vitesse. Mais Wilson [1]
a fait voir qu'elle ne peut pas être regardée comme une preuve
de l'homogénéité des rayons. En outre, des expériences photo-
graphiques sur la déviation dans un champ magnétique montrent que des rayons obéissant à une loi exponentielle d'absorption peuvent se scinder en groupes de différentes vitesses [2]. Quand les différences de vitesse des groupes sont

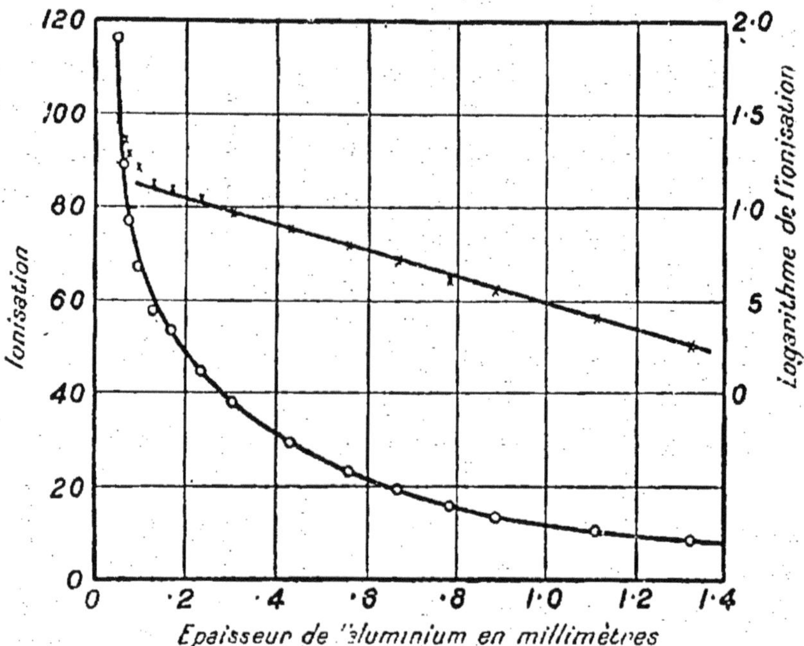

Fig. 33. — Absorption des rayons β du dépôt actif du thorium
par l'aluminium.

grandes, la loi d'absorption n'est plus exponentielle. Les
rayons β des dépôts actifs du radium et du thorium sont des

---

[1] WILSON, *Proc. Roy. Soc.*, A., 82, 1909, p. 612.
[2] VON BAEYER, HAHN et MEITNER, *Phys. Zeitschr.*, t. 12, 1911, p. 273
et 1099.

exemples de ce fait. Dans ces deux cas, le rayonnement est très complexe; dans le cas du dépôt actif du radium, le rayonnement se compose de rayons émis par le radium C et de rayons émanés du radium B, dont la plupart sont beaucoup plus mous; dans le cas du dépôt actif du thorium, le thorium B donne des rayons mous et le thorium C et le thorium D des rayons durs.

Il convient de faire des expériences pour vérifier la loi d'absorption dans ces deux cas. Les résultats obtenus avec le dépôt actif du thorium sont indiqués dans la figure 33, où l'on voit que la vitesse de décroissance de l'activité est beaucoup plus grande au début que dans la suite. Cela indique la présence de rayons mous. Nous donnons ci-dessous un Tableau montrant l'absorption dans l'aluminium pour différentes sources de rayonnement.

Absorption des rayons β dans l'aluminium.

Substance.	Coefficient d'absorption en cm^{-1}.
Uranium X	14,4
Radium E	44
Dépôt actif de l'actinium.....	28,5
» du thorium......	110 et 16,3
» du radium.......	90 et 13

39. — Rayons β émanés de couches d'oxyde d'uranium de différentes épaisseurs.

Pour étudier la variation du rayonnement β émis par des couches d'oxyde d'uranium de différentes épaisseurs, on recouvre un vase plat de 6^{cm} environ de diamètre d'une couche uniforme et mince d'oxyde d'uranium. On met ce vase devant la fenêtre en aluminium d'un électroscope à rayons β et l'on mesure l'ionisation. On répète l'expérience avec des couches d'oxyde d'uranium de différentes épaisseurs. Pour des couches minces, l'ionisation est proportionnelle à l'épaisseur, mais elle croît moins rapidement quand l'épaisseur devient plus grande et finit par atteindre une limite lorsque l'épaisseur est assez grande pour que le rayonnement émané

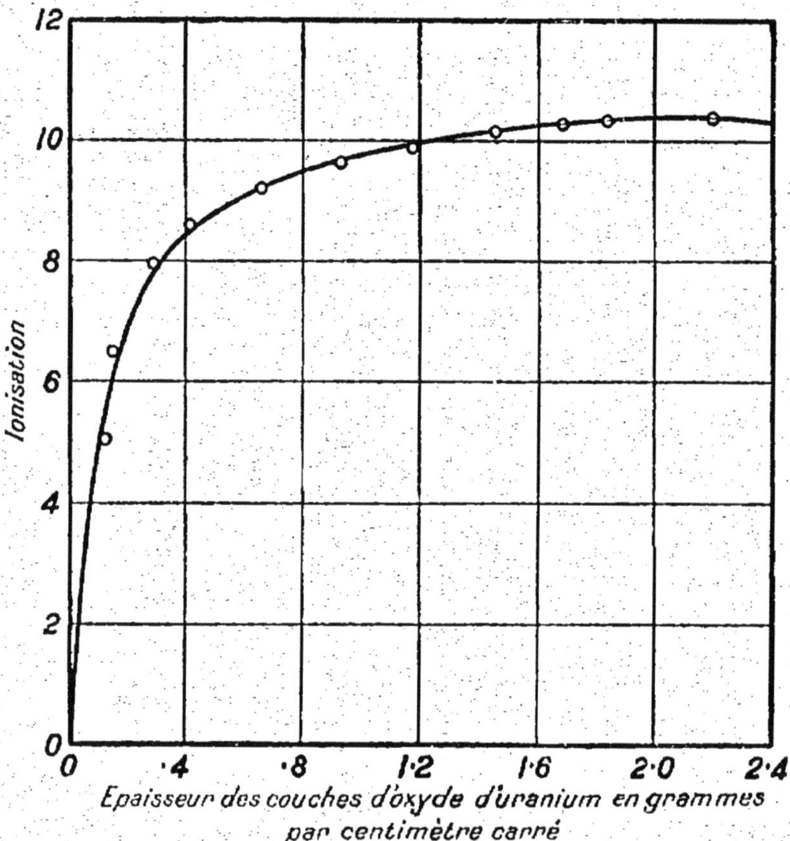

Fig. 34. — Variation d'intensité du rayonnement β avec l'épaisseur de la couche d'oxyde d'uranium.

des couches inférieures d'oxyde d'uranium soit complètement absorbé par la matière active. La meilleure manière de déterminer l'épaisseur des couches est de les peser; on peut l'exprimer en grammes d'oxyde d'uranium par centimètre carré. Il y a lieu de mesurer l'ionisation pour des épaisseurs allant de $0^g,1$ à 2^g ou 3^g par centimètre carré. La figure 34 montre les résultats d'une expérience typique.

A l'aide des résultats obtenus, on calcule facilement le coefficient d'absorption par la matière active elle-même des rayons β de l'oxyde d'uranium. Soit δx l'épaisseur d'une couche mince située dans la matière active à une distance x de la surface. Si μ est le coefficient d'absorption de la matière active pour les rayons β, l'ionisation qui se produit dans l'électroscope du fait de la couche mince considérée est donnée par la formule

$$(30) \qquad \delta I = I_0 \, e^{-\mu x} \, \delta x,$$

où $I_0 \delta x$ représente l'ionisation produite dans l'électroscope par une couche d'épaisseur δx située à la surface de la matière active.

L'ionisation totale produite dans l'électroscope par une couche d'épaisseur finie d est donnée par l'expression

$$(31) \qquad I_d = I_0 \int_0^d e^{-\mu x} \, dx = \frac{I_0}{\mu} (1 - e^{-\mu d}).$$

Quand d augmente, cette quantité s'approche de la limite $\dfrac{I_0}{\mu}$. Par conséquent, $I_d = I_\infty (1 - e^{-\mu d})$, où I_∞ est l'ionisation produite par une couche épaisse de matière. On peut tirer de cette expérience les valeurs de I_d et de I_∞ et déduire ainsi le coefficient d'absorption de l'oxyde d'uranium pour les rayons β.

40. — Dispersion des rayons β par la matière [1].

Quand des rayons α ou β frappent une plaque, les particules qui les composent sont en général déviées de leur trajectoire de façon telle qu'ils émergent sous la forme d'un faisceau dispersé, lors même que les rayons incidents sont retenus dans des limites déterminées. On explique ce fait par l'hypothèse que les particules qui entrent dans la plaque pénètrent dans les atomes et que, pendant qu'elles les traversent, elles sont soumises à des champs électriques intenses. De ce fait elles sont déviées de leur trajectoire dans une mesure plus ou moins large, et peuvent même éprouver des déviations supé-

[1] RUTHERFORD. *Radio-activity*, 1913, § 83 et suiv. et § 86 et suiv.

ricures à un angle droit ; de la sorte, une partie d'entre elles se
réfléchissent d'une manière diffuse et émergent du même côté de
la plaque que celui sur lequel elles sont tombées. Cet effet est
beaucoup plus marqué avec les rayons β qu'avec les rayons α.

Variation de la réflexion avec la matière du réflecteur. —
On peut étudier ce phénomène au moyen du dispositif reproduit dans la figure 35. La meilleure source de rayonnement à

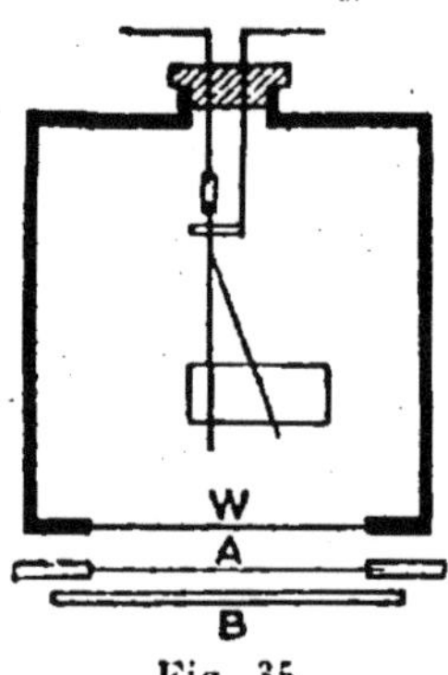

Fig. 35.

employer ici est le radium E ; si l'on n'en a pas à sa disposition,
on peut se servir du dépôt actif du thorium. La matière active
doit être déposée sur une feuille d'aluminium A dont l'épaisseur ne dépasse pas $0^{mm},01$. On met la feuille active au-dessous
et tout près de la fenêtre en aluminium W d'un électroscope à
rayons β ; il importe qu'elle soit soutenue d'une façon telle
qu'il n'y ait que de l'air immédiatement au-dessous d'elle.
Ses supports doivent être petits, et tout le système doit être
aussi éloigné que possible des objets environnants, afin
que ceux-ci ne puissent pas réfléchir de rayonnement dans
l'électroscope. Dans ces conditions, l'ionisation qui se produit dans l'électroscope est due entièrement au rayonnement
émis par le corps actif et entrant *directement* dans
l'appareil, abstraction faite d'une petite quantité de rayonnement dispersé émanant de la feuille sur laquelle est
déposée la matière active. On mesure l'ionisation produite
dans l'électroscope, on place immédiatement au-dessous de la
feuille une plaque de plomb B, qui sert de réflecteur, et l'on

observe de nouveau l'ionisation. On constate qu'elle a augmenté; cela prouve que certains des rayons dirigés vers le bas, qui auparavant n'entraient pas dans l'électroscope, y pénètrent maintenant grâce à leur réflexion sur la plaque B, et contribuent à l'ionisation. La différence entre l'ionisation avec et sans la plaque de plomb fournit une mesure du rayonnement réfléchi par le plomb. Si I_1 et I_2 sont respectivement les ionisations avec de l'air et du plomb au-dessous de la source, $100 \dfrac{I_2 - I_1}{I_1}$ donne la proportion centésimale de rayonnement réfléchi par le plomb.

On répète l'expérience avec des plaques d'autres substances, telles que le charbon de cornue, l'aluminium, le cuivre et l'étain, et l'on construit une courbe montrant la relation entre l'accroissement de l'ionisation et le poids atomique de la matière réfléchissante.

Le Tableau ci-dessous donne quelques résultats typiques obtenus par Kovarik [1] avec le radium E et l'actinium D comme sources de rayonnement.

Réflexion des rayons β.

Substance réfléchissante.	Poids atomique.	Proportion centésimale du rayonnement réfléchi.	
		Radium E.	Actinium D.
Bi............	208,5	70,9	81,0
Pb............	206,9	70,2	80,0
Au............	197,2	67,8	78,7
Pt............	194,8	67,7	77,6
Sn............	119,0	62,5	69,7
Ag............	107,9	57,4	63,5
Zn............	65,4	45,5	52,6
Cu............	63,6	44,7	51,9
Ni............	58,7	43,5	48,0
Fe............	55,9	41,2	47,1
S............	32,1	32,1	40,1
Al............	27,1	30,0	38,3
C............	12,0	17,1	27,4

[1] Kovarik, *Phil. Mag.*, t. 20, 1910, p. 849.

Variation de la réflexion avec l'épaisseur du réflecteur. — Il est intéressant d'étudier l'effet qu'on obtient en faisant varier l'épaisseur du réflecteur dans l'expérience ci-dessus. On fait cette étude avec des feuilles d'aluminium d'une épaisseur de $0^{mm},003$ environ, ou de préférence avec des substances d'un poids atomique plus élevé, si l'on peut en obtenir en feuilles assez minces. On place les feuilles sous la feuille active en nombres graduellement croissants, et l'on observe dans chaque cas l'ionisation produite dans l'électroscope. On constate que le rayonnement réfléchi dans l'électroscope commence par augmenter avec le nombre des feuilles d'aluminium, mais atteint bientôt une limite pour des épaisseurs plus grandes. Il apparaît ainsi que le phénomène de la réflexion n'est pas un effet superficiel, mais dépend de l'épaisseur du réflecteur. Les particules β qui frappent le réflecteur pénètrent dans la matière dont il est formé et sont déviées de leur trajectoire à l'intérieur de cette matière à des profondeurs appréciables de la surface. Ensuite elles reviennent vers la surface, et, après l'avoir atteinte, passent dans l'électroscope. La quantité de rayonnement réfléchi qui entre dans l'électroscope augmente donc jusqu'à ce que le réflecteur soit assez épais pour que les particules déviées dans les couches inférieures de la matière soient à peu près toutes absorbées avant d'avoir pu revenir à la surface.

Le rôle que peut jouer la dispersion dans certaines mesures radioactives a été récemment mis en lumière par Kovarik (¹). Quand on mesure l'absorption par des feuilles métalliques minces, on place ordinairement la matière radioactive à quelque distance au-dessous de l'électroscope à rayons β, et les écrans absorbants près de l'électroscope. Dans ce cas, la dispersion est sans effet sur le rayonnement entrant dans l'électroscope, car tout rayon qui émerge de la feuille du côté de l'électroscope y entre nécessairement. Mais il en est autrement si l'on place la feuille mince absorbante immédiatement au-dessus de la pellicule radioactive, et celle-ci à quelque

---

(¹) Kovarik, *loc. cit.*

distance au-dessous de l'électroscope. Avant qu'on ait interposé la feuille, il n'y a que les rayons sous-tendus à la source par l'ouverture de l'électroscope qui contribuent à l'ionisation. Après qu'on a interposé la feuille, certains de ces rayons sont éliminés par dispersion, ce qui diminue l'ionisation, mais cette diminution peut être compensée, et même plus que compensée, par l'action des rayons qui auparavant n'entraient pas

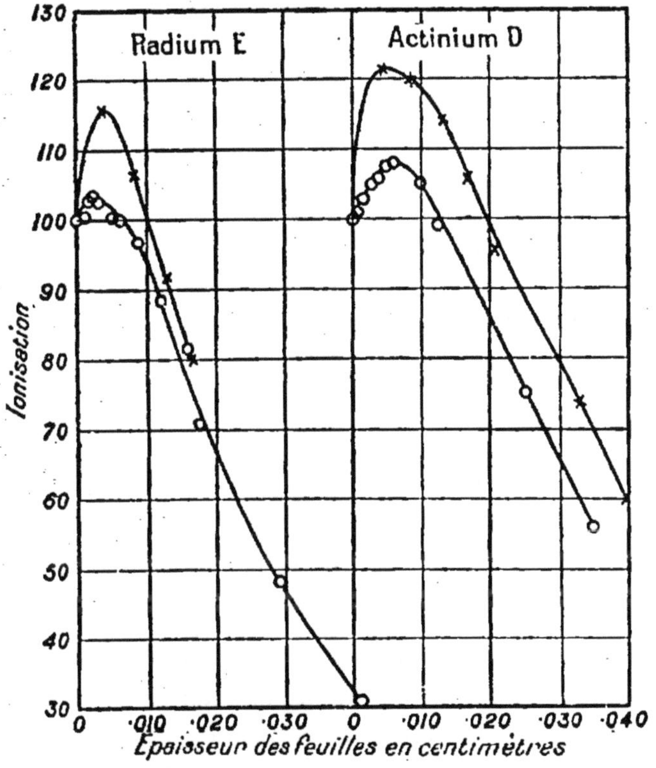

Fig. 36. — Influence de la dispersion sur les courbes d'absorption des rayons β.

dans l'électroscope et qui y pénètrent maintenant par suite de leur dispersion. Il peut donc arriver que, lorsqu'on interpose des écrans très minces, l'ionisation s'accroisse.

Pour faire une expérience, on met une forte préparation de

radium E à 15cm ou 20cm environ au-dessous d'un électroscope à rayons β. On superpose des feuilles d'aluminium de 0mm,003 d'épaisseur immédiatement au-dessus de la matière radioactive, et l'on détermine l'ionisation produite dans chaque cas.

La figure 36 montre quelques résultats typiques obtenus par Kovarik avec des feuilles d'aluminium et d'étain. Les cercles se rapportent à l'aluminium et les croix à l'étain.

Quand on mesure l'absorption des rayons β, on peut éliminer l'effet de la dispersion en déposant la matière active sur une feuille d'aluminium et en mettant le même nombre de feuilles au-dessous de la matière active qu'on en met au-dessus pour absorber les rayons. La dispersion due aux feuilles placées d'un côté de la matière active empêche des rayons d'entrer dans l'électroscope; celle qui est due aux feuilles placées de l'autre côté fait au contraire pénétrer des rayons dans cet appareil; or, ces deux effets opposés se compensent. Il faut prendre cette précaution pour pouvoir déterminer exactement les coefficients d'absorption.

41. — Absorption des rayons γ par la matière (1).

Comme les rayons γ sont capables de traverser de grandes épaisseurs de matière, on peut employer pour les étudier une source radioactive contenue dans un vase clos. Un milligramme environ de radium scellé dans un tube de verre est une quantité convenable pour les expériences sur les rayons γ, mais, si l'on n'en a pas autant à sa disposition, il est possible, en opérant avec soin, de les mener à bien sans en employer plus de 0mg,1 (2). Pour étudier les rayons γ, il faut empêcher tous les rayons β d'entrer dans l'électroscope. A cet effet, on se sert d'un électroscope recouvert d'une feuille de plomb de 2mm ou 3mm d'épaisseur (§ 16).

---

(1) RUTHERFORD, *Radio-activity*, 1912, § 97 et suiv.

(2) Il faut avoir soin de fermer le tube hermétiquement, sans quoi l'émanation s'échappera et rendra radioactifs les appareils placés dans le voisinage.

Pour déterminer l'absorption des rayons γ par le plomb, on interpose des écrans d'une épaisseur de 2^{mm} à 3^{mm} entre la source de rayonnement et l'électroscope. A mesure qu'on augmente le nombre des écrans, l'ionisation produite dans l'électroscope décroît. Si l'on construit une courbe montrant la relation entre l'ionisation et l'épaisseur de la couche absorbante

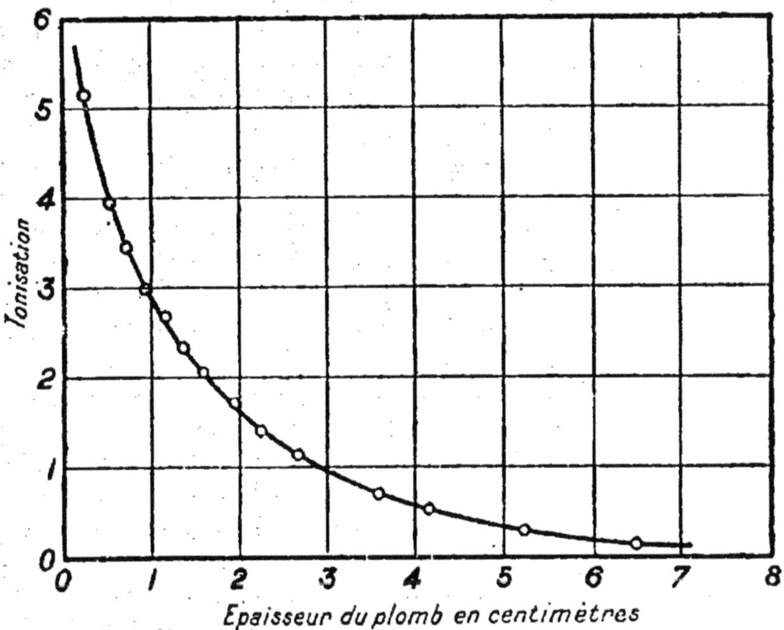

Fig. 37. — Absorption des rayons γ du radium par le plomb.

de plomb (*fig.* 37), on constate qu'elle est presque exponentielle (*fig.* 37).

On répète l'expérience avec d'autres substances, telles que le cuivre, le zinc, le fer et la brique ; on calcule les coefficients d'absorption des rayons γ par chacune de ces substances de la même manière que dans le cas des rayons β (§ 38). On constate que les coefficients d'absorption μ sont approximativement proportionnels à la densité D de la matière absorbante ([1]). Le Tableau suivant montre quelques résultats

[1] RUSSELL et SODDY, *Phil. Mag.*, t. 21, 1911, p. 130.

typiques, mais il faut se rappeler que la valeur des coefficients d'absorption dépend, dans une certaine mesure, des conditions expérimentales.

Absorption des rayons γ du radium.

Substance.	μ.	$\dfrac{100\mu}{D}$.
Plomb	0,52	4,5
Cuivre	0,38	4,3
Laiton	0,36	4,3
Fer	0,32	4,2
Étain	0,31	4,3
Zinc	0,31	4,3
Aluminium	0,12	4,4
Soufre	0,09	5,1
Paraffine	0,0047	5,2

42. — Comparaison des absorptions des rayons α, β et γ par la matière.

Il est intéressant de comparer approximativement les absorptions des rayons α, β et γ par la matière en déterminant l'épaisseur de matière absorbante nécessaire pour réduire chaque type de rayonnement à la moitié de sa valeur. Pour cette comparaison, le papier est un très bon milieu absorbant. Les mesures relatives aux rayons α doivent être faites dans un électroscope à rayons α ; comme source, on emploie le dépôt actif du radium ou du thorium non recouvert. On peut déterminer la quantité de papier nécessaire pour réduire l'activité à la moitié de sa valeur en interposant des écrans de papier à cigarettes. Pour les rayons β, on peut se servir des mêmes sources et interposer des feuilles de papier à lettre ordinaire. Pour les rayons γ, il faut des épaisseurs beaucoup plus grandes de matière absorbante, et l'on peut interposer des livres entre la source de rayonnement et l'électroscope jusqu'à ce que le rayonnement soit réduit à une fraction déterminée de sa valeur première; on calcule ensuite l'épaisseur nécessaire pour réduire le rayonnement à la moitié de sa valeur.

Voici les épaisseurs approximatives de papier nécessaires pour absorber la moitié de chaque type de rayonnement. On a obtenu ces chiffres en opérant avec le dépôt actif du thorium.

	cm
Rayons α......................	0,003
Rayons β......................	0,2
Rayons γ......................	15,0

43. — Rayonnement excité produit par les rayons γ ([1]).

Quand des rayons γ frappent une plaque, ils éprouvent une dispersion tout comme les rayons β ; mais en outre la plaque frappée par les rayons γ émet des rayons β. On dit du nouveau type de rayons ainsi produit qu'il constitue un rayonnement excité. Le rayonnement β sort des deux côtés de la plaque. Celui qui est émis du côté par lequel les rayons γ entrent est appelé rayonnement *d'incidence*, et celui qui est émis de l'autre côté, rayonnement *d'émergence*. Les rayonnements d'incidence et d'émergence diffèrent entre eux sous le rapport de la quantité et de la vitesse, et cette dissemblance est plus marquée pour certaines substances que pour d'autres. Nous n'étudierons dans ce paragraphe que le rayonnement d'incidence.

On peut démontrer l'existence de ce rayonnement et en étudier les propriétés au moyen du dispositif reproduit dans la figure 38. A est une source de rayonnement consistant en 1^mg au moins de radium, enfermé dans un récipient aux parois assez épaisses pour absorber tous les rayons β. On la place tout près d'un électroscope C à rayons β. On interpose entre le radium et l'électroscope un bloc de plomb B n'ayant pas moins de 4^cm d'épaisseur, en le plaçant de manière qu'il empêche la plus grande partie du rayonnement γ d'entrer directement dans l'électroscope. Il faut monter tout le système

---

([1]) RUTHERFORD, *Radio-activity*, 1912, § 101.

sur un support léger en bois pour éviter qu'une quantité appréciable du rayonnement excité provenant des objets extérieurs n'entre dans l'électroscope. On commence par mesurer avec soin l'ionisation produite dans l'électroscope par l'action directe du radium. On dispose ensuite une plaque de plomb

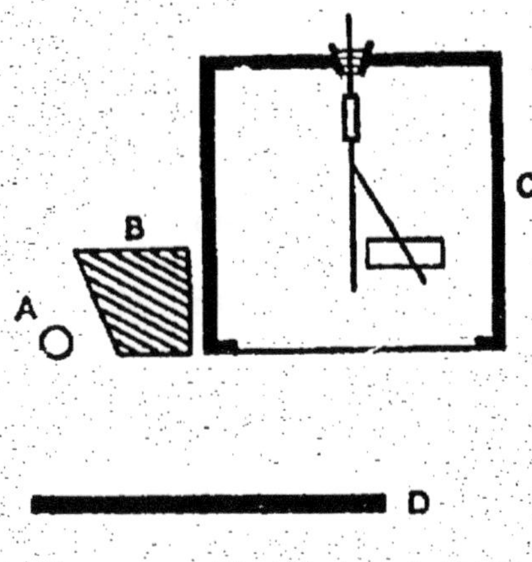

Fig. 38.

grande et épaisse D au-dessous de l'électroscope, comme le montre la figure, de sorte qu'un certain nombre des rayons γ émis par le radium viennent la frapper. L'ionisation augmente, principalement à cause des rayons β excités produits par le plomb, et la différence entre l'ionisation avec et sans la plaque D donne une mesure du rayonnement secondaire produit.

Nature du rayonnement excité. — Pour démontrer que l'ionisation additionnelle produite dans l'électroscope est due principalement à des rayons β excités et non à la dispersion des rayons γ par la plaque, il faut déterminer le coefficient d'absorption du rayonnement. Pour ce faire, on répète les observations en se mettant dans de nouvelles conditions : on place sous l'électroscope des feuilles minces d'aluminium ou d'une autre matière absorbante que les rayons excités devront traverser avant d'entrer dans l'électroscope. En faisant une série d'observations avec des nombres différents de feuilles, on obtient le coefficient d'absorption des rayons. La valeur du coefficient d'absorption pour l'aluminium est à très peu de chose près 30^{cm-1}, et est presque indépendante de la nature du réflecteur. En augmentant le nombre des feuilles absorbantes, on constate que le rayonnement ne peut pas être complétement absorbé, mais qu'une proportion de 20 pour 100 environ du rayonnement total consiste en rayons pénétrants : ce sont des rayons γ dispersés.

On peut étudier le rayonnement excité qui émerge dans les différentes directions en faisant tomber normalement sur une plaque un pinceau de rayons et en observant les rayons qui émergent sous différents angles. Mais les expériences de ce genre exigent des quantités considérables de radium.

Variation du rayonnement excité avec la matière réfléchissante. — On place successivement en D des plaques épaisses de différentes substances et l'on mesure le rayonnement excité produit dans chaque cas.

Comme le montre le Tableau ci-dessous, le rayonnement excité augmente avec la densité de la substance réfléchissante ; mais on ne connaît pas encore de relation bien nette entre ces deux quantités. Ce tableau indique les quantités de rayonnement excité fournies par différentes substances. Les chiffres qu'il renferme sont tirés d'un tableau donné par Eve ([1]).

*Quantités de rayonnement excité
produites par différentes substances.*

Substance.	Densité.	Rayonnement d'incidence.
Plomb........................	11,4	141
Cuivre......................	8,8	79
Fer	7,8	75
Aluminium	2,6	42
Papier	0,4 (env.)	20

Variation du rayonnement excité avec l'épaisseur de la ma-

([1]) Eve, *Phil. Mag.*, t. 8, 1904, p. 669.

tière réfléchissante. — De même que dans le cas de la dispersion des rayons β, il y a là un effet de volume et non de surface, de sorte que la quantité de rayonnement excité dépend de l'épaisseur du réflecteur. L'étude expérimentale de ce point peut être faite commodément avec des feuilles d'étain ou d'aluminium. En plaçant différents nombres de feuilles en D, on peut étudier la variation du rayonnement excité avec l'épaisseur. Une épaisseur de $0^{mm},1$ d'étain ou de $0^{mm},5$ d'aluminium donne environ la moitié du rayonnement excité maximum.

CHAPITRE VI.

LES DÉPÔTS ACTIFS ET LE RECUL RADIOACTIF.

**44. — Distribution des dépôts actifs dans un champ électrique
et méthode pour les concentrer sur des surfaces ([1]).**

Le radium, le thorium et l'actinium émettent des gaz radioactifs appelés *émanations*, qui, en se détruisant, forment des
groupes de produits solides successifs, doués de radioactivité,
que l'on connaît sous le nom de *dépôts actifs*. Quand on laisse
les émanations se détruire dans un champ électrique, on constate que la plus grande partie du dépôt actif formé est attirée
à la cathode, et peut, de la sorte, être concentrée sur une surface. La disposition expérimentale adoptée pour recueillir le
dépôt est légèrement différente pour le radium, d'une part, et
le thorium et l'actinium, d'autre part.

Dépôts actifs du thorium et de l'actinium. — Pour activer un
fil W, on le relie à la tige N, qui traverse le bouchon d'ébo-

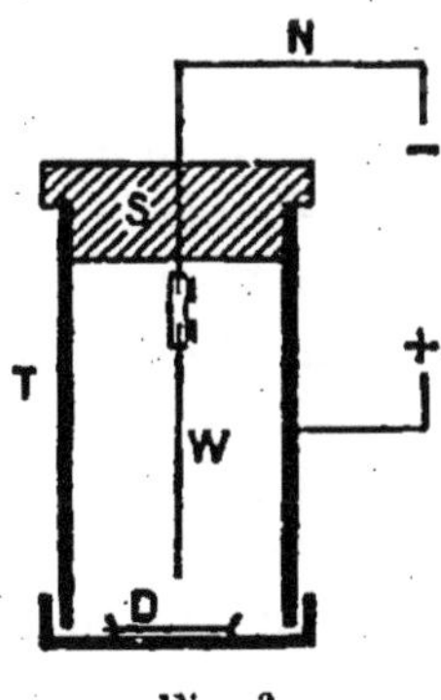

Fig. 39.

nite S, lequel est ajusté au tube de laiton T (*fig.* 39). La pré-

---

([1]) RUTHERFORD, *Radio-activity*, 1912, § 144.

paration de thorium ou d'actinium est contenue dans le vase plat D placé dans le tube T. Le tube est relié au pôle positif d'une batterie donnant environ 100 volts, et la tige N au pôle négatif à travers une résistance formée par de l'eau pour garantir la batterie contre les courts circuits qui pourraient se produire pendant les manipulations. L'émanation qui se dégage du thorium ou de l'actinium diffuse à travers le cylindre et, en se détruisant, produit un dépôt actif qui est attiré à la cathode. Après une exposition d'une durée convenable, on enlève le fil W.

Quand on a besoin d'une plaque active, on peut se servir de l'appareil reproduit dans la figure 40. La matière active est

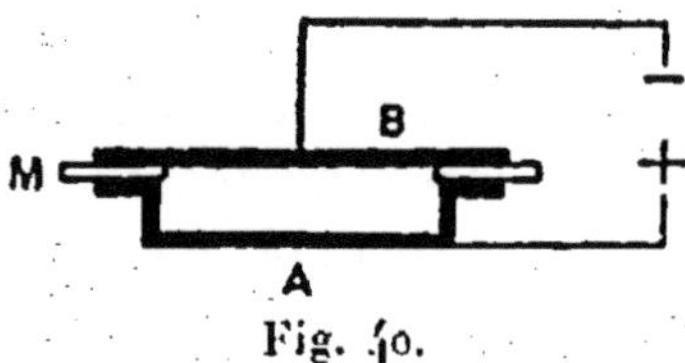

Fig. 40.

contenue dans le vase plat en métal A, que l'on maintient à un potentiel positif. La plaque B que l'on veut activer est placée sur le vase plat comme un couvercle, et on la maintient chargée négativement ; un anneau de mica M sert à l'isoler.

Pour obtenir la plus grande activité possible, il suffit presque d'une exposition de 3 heures pour l'actinium et de 3 jours pour le thorium. La quantité de dépôt actif que l'on recueille sur le fil ou sur la plaque dépend de l'état physique de la préparation dont on fait usage. Avec des préparations sèches de sels de thorium et d'actinium, l'émanation reste occluse. Mais elle se dégage lorsqu'on maintient le sel légèrement humide et qu'on l'emploie en couche mince. Dans le cas du thorium, il convient de faire usage de l'hydrate, d'où l'émanation se dégage beaucoup plus facilement que des autres composés.

Dépôt actif du radium. — En raison de la longueur de la vie de l'émanation et de sa tendance à rester occluse dans le sel de radium, le mode opératoire que nous venons de décrire ne convient pas dans le cas du radium. Quand on opère sur des préparations de radium d'une activité faible correspondant à moins de 10^{-3} mg de $RaBr^2$, on peut se servir de la méthode suivante :

On dissout le sel de radium dans l'acide chlorhydrique. Dans ces conditions, l'émanation se dégage de la solution dans une mesure appréciable à mesure qu'elle se forme. Il est bon d'acidifier fortement la solution pour empêcher que le radium ne se précipite peu à peu, comme il pourrait le faire, ce qui entraînerait l'occlusion de l'émanation. Il faut éviter aussi la présence des moindres traces de sulfates, car le sulfate de radium est très peu soluble.

La solution, introduite dans une fiole, est maintenue chargée positivement par le fil de platine W, qui y plonge (*fig.* 41).

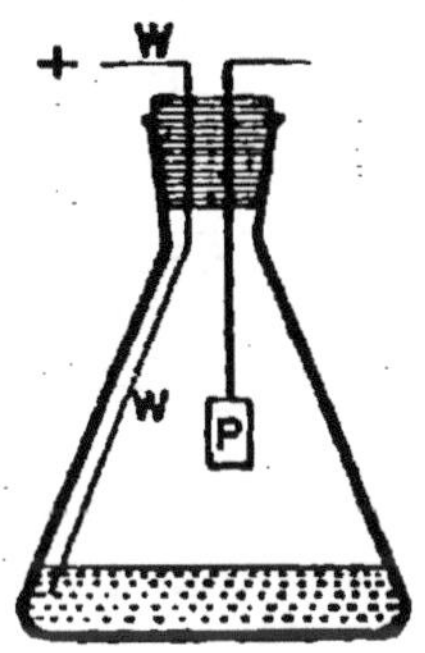

Fig. 41.

La plaque P, qu'il s'agit d'activer, est introduite dans la fiole et chargée négativement. On doit faire la manipulation rapidement pour éviter qu'il ne se dégage de l'émanation. Après 3 heures d'exposition, on aura recueilli presque autant de dépôt actif qu'il est possible de le faire (§ 52).

Lorsqu'on opère sur de grandes quantités de radium, cette méthode d'exposition ne convient pas, car elle ne permet pas d'éviter les pertes d'émanation. Or, s'il s'échappait une quantité appréciable d'émanation, elle diffuserait à travers toute la pièce et contaminerait les instruments de mesure. Cette méthode ne permet pas non plus d'utiliser toute

l'émanation engendrée par le sel de radium, car une partie de
ce gaz reste en solution et ne contribue pas à l'activation de
la surface. Il vaut généralement mieux activer la plaque non
au moyen de la préparation de radium elle-même, mais à
l'aide de l'émanation, préalablement séparée de cette préparation. Cela diminue le risque de perdre du radium et permet
de se servir de la façon la plus avantageuse possible de celui
que l'on a à sa disposition (§ 75).

Les gaz contenant l'émanation sont recueillis sur le mercure
dans un tube de verre A, comme le montre la figure 42. Un

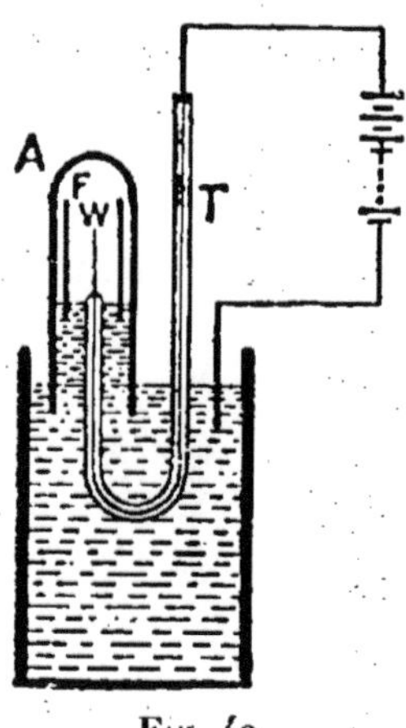

Fig. 42.

tube F de fer mince, en contact électrique avec le mercure,
est ajusté dans le tube de verre. A travers le tube de verre
recourbé T passe un fil métallique W, se terminant par un fil
de platine P, qui traverse le verre, où il est scellé. Le fil W,
qui est isolé du mercure, est relié au pôle négatif d'une batterie, et le mercure à son pôle positif. Quand on opère sur de
grandes quantités d'émanation de radium, il est bon d'employer
une grande différence de potentiel afin de recueillir sur le fil
autant de dépôt actif que possible ; car, avec des champs faibles,
le dépôt actif, une fois formé, se meut trop lentement à travers le gaz et peut perdre sa charge par recombinaison avant
d'atteindre la cathode. Même une intensité électrique de
1000 volts par centimètre peut être insuffisante pour extraire

tout le dépôt actif qui se forme quand on opère sur des quantités d'émanation de l'ordre de 100 millicuries.

Pour détacher le fil W du tube T, il est quelquefois commode de diviser ce tube en deux parties, que l'on relie ensemble par un raccord à l'émeri. On peut ensuite établir le contact électrique en introduisant une petite quantité de mercure dans le coude du tube.

Lorsqu'on opère sur de grandes quantités de radium, on doit faire les manipulations dans une pièce spéciale, afin d'éviter la contamination des instruments de mesure par l'émanation, que l'on ne peut guère empêcher de s'échapper. On ne saurait trop insister sur le danger qu'il y a que l'expérimentateur contamine accidentellement les instruments en transportant de la matière active sur ses mains et ses vêtements.

45. — Activité acquise par un fil dans des champs électriques d'intensités différentes.

L'activité d'un fil exposé à une émanation dépend du signe et de la grandeur du champ électrique auquel il est soumis. La comparaison des activités acquises par un fil dans différentes conditions peut être faite avec de l'émanation d'actinium, et l'activation peut être effectuée de la manière décrite plus haut (*fig.* 39). On expose le fil trois fois de suite, d'abord non chargé, puis chargé négativement, et enfin positivement au moyen d'une batterie donnant environ 100 volts. On constate que le fil devient beaucoup plus actif dans le cas où il est chargé négativement que dans les deux autres cas. Lorsque le fil n'est pas chargé, une certaine quantité d'activité, comme il était à prévoir, parvient à l'électrode par diffusion ; la quantité exacte d'activité qu'on y trouve dépend des surfaces relatives du fil et du récipient contenant l'émanation. Enfin, quand le fil est chargé positivement, une petite quantité de dépôt actif se porte sur le fil, si grande que puisse être l'intensité du champ. On fait les mesures avec un électroscope à rayons α immédiatement après avoir enlevé le fil de l'émanation. Nous

donnons ci-dessous quelques résultats typiques pour le cas
d'un fil exposé pendant 3o minutes à l'émanation de l'actinium :

Divisions
par minute.

    Fil négatif....................   249
    Fil positif....................   4,66
    Fil non chargé.................   35,2

Ces chiffres se rapportent à un cas où l'extrémité du fil était
à environ à o^cm,5 de la préparation d'actinium. Les résultats
peuvent être très différents si le fil collecteur est à une plus
grande distance de l'actinium (¹). La cause de ces différences
n'est pas encore expliquée. Les dépôts actifs du thorium et du
radium ne manifestent pas cette particularité.

On doit aussi étudier les effets qui s'obtiennent en faisant
varier la force du champ électrique, et tracer une courbe

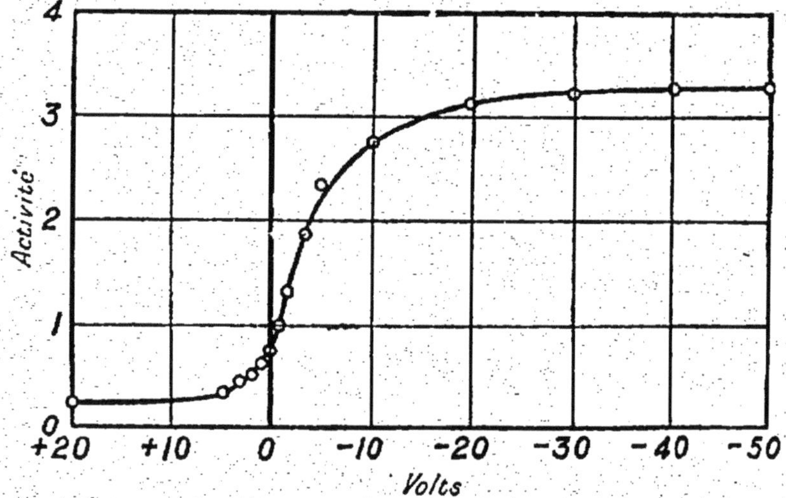

Fig. 43. — Quantités de dépôt actif de l'actinium
concentrées dans différents champs électriques.

montrant les quantités de dépôt actif qui se fixent sur le fil
quand on le charge à différents potentiels. La figure 43 indique

----

(¹) Russ, *Phil. Mag.*, t. 15, 1908, p. 601 et 737.

les résultats obtenus avec le dépôt actif de l'actinium. On obtient des courbes semblables avec les dépôts actifs du thorium et du radium.

46. — Recul radioactif ([1]).

Quand il se produit une transformation radioactive comportant l'expulsion d'une particule α, cette particule étant projetée avec une très grande vitesse, l'atome qui l'émet subit un violent mouvement de recul. Les atomes qui reculent peuvent aller jusqu'à abandonner la surface où est déposée la substance radioactive, se séparant ainsi de leur générateur.

Pour prendre un exemple, supposons qu'une surface ait été activée par une courte exposition à l'émanation du radium; immédiatement après qu'on l'aura soustraite à l'action de l'émanation, son activité sera due presque entièrement au radium A. En se désintégrant, un atome de radium A émet une particule α ayant une vitesse de $1,77 \times 10^9$ centimètres par seconde. La loi de la conservation de la quantité de mouvement permet de calculer la vitesse de l'atome résiduel de radium B si l'on connaît le poids atomique du radium B. Or le poids atomique du radium est de 226, et, comme le radium B provient du radium par trois transformations successives, dans chacune desquelles est expulsée une particule α d'un poids atomique égal à 4, le poids atomique du radium B est de 214. S'il peut se mouvoir librement, sa vitesse de recul, au moment où il est engendré par le radium A, sera donc de $3,27 \times 10^7$ centimètres par seconde. Ainsi, si du radium A se trouve déposé en une pellicule mince sur une lame, il n'est pas étonnant que, chaque fois qu'une particule α est lancée dans la lame, l'atome résiduel de radium B formé par la désintégration de l'atome de radium A ait une énergie suffisante pour abandonner la lame. De la sorte, la moitié des atomes de radium B formés peuvent être projetés de la lame et

---

([1]) RUTHERFORD, *Radio-activity*, 1912, § 73.

continuer à s'en éloigner jusqu'à ce qu'ils soient arrêtés par quelque obstacle contre lequel ils se heurtent. Or l'énergie de l'atome qui recule, comparée à celle d'une particule α, est si peu considérable qu'il ne pénètre dans la matière que jusqu'à des profondeurs très faibles; l'air à la pression atmosphérique est assez dense pour arrêter l'atome de radium B après un trajet de $\frac{1}{10}$ de millimètre seulement. Mais si l'on fait cette expérience dans un vide poussé très loin, il n'y a rien pour arrêter les atomes, qui peuvent parcourir de longues distances avant d'entrer en collision avec un obstacle solide et de s'y déposer.

On peut démontrer expérimentalement les phénomènes décrits ci-dessus en exposant une lame dans le vide à une surface recouverte de radium A ([1]). Les atomes de radium B qui reculent sont projetés sur la lame. Mais cette expérience est difficile à cause de la rapidité de la destruction du radium A.

On a souvent avantage à se servir des phénomènes de recul pour séparer un produit radioactif de son générateur; mais cette séparation peut fréquemment être effectuée d'une manière plus simple que celle qui vient d'être indiquée ([2]). Nous avons vu que quand un atome radioactif recule par suite de l'émission d'une particule α, la vitesse qu'il acquiert lui fait seulement parcourir un trajet d'une fraction de millimètre à travers de l'air à la pression atmosphérique, après quoi il est arrêté par des chocs contre les molécules de l'air. Or on a prouvé que l'atome qui recule porte une charge positive; il sera donc attiré par la cathode, dans un champ électrique, après avoir été arrêté dans sa course. On peut utiliser ce phénomène pour concentrer sur une lame les atomes qui reculent. Dans la figure 44, M représente la lame sur laquelle est déposée la matière active dont les atomes reculent en se désintégrant. La lame M est maintenue chargée positivement et est séparée de la lame N par un anneau isolant. La lame N, qui est chargée négativement, recueillera donc les atomes qui auront reculé à

([1]) Russ et Makower, *Proc. Roy. Soc.*, A. 82, 1909, p. 206.
([2]) Hahn, *Phys. Zeitschr.*, t. 10, 1909, p. 81.

partir de M, et deviendra ainsi active. On doit placer les lames
M et N aussi près que possible l'une de l'autre, sans les faire
se toucher, et maintenir entre elles une différence de potentiel
de quelques volts.

Cette méthode de séparation de deux produits radioactifs,

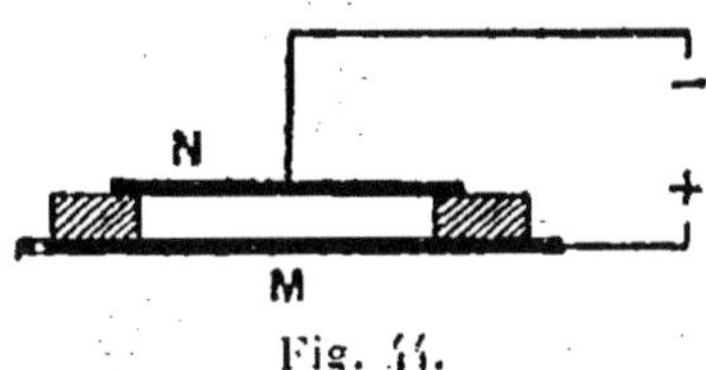

Fig. 44.

qui consiste à utiliser le recul de l'un d'eux, peut être étudiée
sur le dépôt actif de l'actinium. On expose la lame N à l'action
de la lame M, préalablement activée par une longue exposition
à l'émanation de l'actinium. Au bout de 10 ou 15 minutes, on
enlève la lame N et l'on détermine l'activité de ses rayons β.
On constate que l'activité de cette lame décroît exponentiellement avec une période de 4,7 minutes, ce qui montre qu'il s'y
est déposé de l'actinium D pur, élément qui n'émet que des
rayons β et γ pénétrants. On peut faire une expérience semblable avec le dépôt actif du thorium : le thorium D se séparera
par recul. Le thorium D émet des rayons β et γ et se détruit
avec une période de 3,1 minutes.

Il est intéressant d'étudier comment l'effet du champ compris
entre les lames M et N varie avec son intensité (*fig.* 44). Dans
le cas de l'actinium, que l'on peut regarder comme typique,
on constate que la quantité d'actinium D recueillie sur la
lame N augmente à mesure qu'on augmente l'intensité du
champ, mais atteint une limite pour une différence de potentiel de quelques volts. Dans ce cas, presque tout l'actinium D
qui passe par recul de M dans le gaz est transporté par le
champ sur la lame N.

Une autre séparation qu'on peut effectuer par la méthode du
recul est celle du radium B d'avec le radium A. On expose pendant quelques minutes, dans un champ électrique, un fil ou
une lame à l'émanation du radium, de sorte qu'il s'y forme

un dépôt de radium A. On expose ensuite une seconde lame, pendant quelques secondes, à l'action de la surface active, et on la porte rapidement dans un électroscope à rayons α. Du radium B se sera concentré sur cette lame, et si l'exposition a été courte, il ne se sera pas formé une quantité appréciable de radium C avant que l'on fasse des mesures. Comme le radium B n'émet pas de rayons α, l'activité de la lame sera d'abord très faible. Mais à mesure qu'il se formera du radium C, elle augmentera; elle atteindra un maximum au bout de 32 minutes environ, puis décroîtra peu à peu. La variation exacte de l'activité en fonction du temps peut se calculer au moyen de l'équation (44) (§ 51).

47. — Efficacité du recul.

Nous avons vu que quand on dépose sur une lame une couche de matière radioactive émettant des rayons α, les atomes, au moment où en sont expulsées des particules α, sont projetés dans des directions opposées à celles où se meuvent ces particules. Or *la moitié* des particules α abandonnent la lame et *la moitié* y pénètrent. Il suit de là que si chaque particule α produisait un recul, la moitié des atomes éprouvant la transformation abandonneraient la plaque. Mais si un certain nombre des atomes projetés de la lame sont arrêtés de quelque manière avant de quitter la surface, le nombre des atomes qui abandonneront la surface sera moindre que ce chiffre théorique. Le rapport du nombre des atomes qui l'abandonnent au nombre de ceux qui l'abandonneraient si chaque recul était efficace est appelé l'*efficacité* du recul. Il est bien entendu que, pour le calcul de l'efficacité, on ne tient pas compte des atomes qui sont lancés vers la lame.

Pour trouver l'efficacité dans le cas du recul à partir de l'actinium C, on active une lame en l'exposant à l'émanation de l'actinium, et l'on fait une expérience de recul de la manière décrite plus haut (§ 46); l'exposition doit durer environ 15 minutes. On mesure ensuite les activités des rayons β des deux lames, et l'on apporte aux lectures les corrections nécessitées par les changements éprouvés par ces activités depuis qu'on a cessé de recueillir les atomes qui reculent. Comme l'actinium D est le seul des constituants du dépôt actif qui émette des rayons β pénétrants, l'activité des rayons β donne une mesure du nombre des atomes d'actinium D présents. Le rapport de la quantité d'actinium D portée par la lame N (*fig.* 44) à la moitié de la quantité portée par l'ensemble des lames M et N donne l'efficacité du recul. Il importe que les lames M et N soient faites de la même matière, afin que la quantité de rayonnement β dispersé soit la même dans toutes les mesures. On constate que l'efficacité du recul est toujours inférieure à l'unité, et que sa valeur dépend des conditions de l'expérience. Le soin avec lequel on nettoie et polit la surface M semble avoir une grande influence sur le nombre des atomes qui l'abandonnent par recul. L'efficacité du recul du thorium D ne peut pas être calculée aussi simplement que celle du recul de l'actinium D, car, dans le dépôt actif du thorium, le thorium D n'est pas seul à émettre des rayons β; le thorium C en émet également, et il faut tenir compte de ceux-ci ([1]).

([1]) MARSDEN et DARWIN, *Proc. Roy. Soc.*, A. 87, 1912, p. 17.

CHAPITRE VII.

LES TRANSFORMATIONS RADIOACTIVES.

48. — Destruction exponentielle des substances radioactives ([1]).

La théorie de la nature de la radioactivité construite par Rutherford et Soddy est trop connue pour qu'il ne suffise pas de la rappeler brièvement. D'après cette théorie, l'émission de radiations par certaines substances est la manifestation d'une désintégration atomique, de sorte que la vitesse d'émission des rayons donne un moyen de déterminer la vitesse avec laquelle a lieu la désintégration. Ainsi, dans les substances radioactives, les atomes se rompent constamment, chaque atome donnant naissance à un nouvel atome, et cette transformation se manifeste par l'émission de particules α ou β. Les nouveaux atomes possèdent des propriétés chimiques et physiques tout à fait différentes de celles des atomes qui les ont engendrés. Lorsqu'une transformation a lieu avec émission de rayons α, la nouvelle substance a un poids atomique plus faible de quatre unités que celui de l'atome d'où il est né; car la particule α a été reconnue identique à l'atome d'hélium, dont le poids atomique est de 4. D'autre part, si la transformation a lieu avec émission d'une particule β, il semble n'y avoir pas de changement appréciable dans le poids atomique. Néanmoins le nouvel atome et celui d'où il est né sont tout à fait distincts pour les propriétés chimiques et physiques.

La théorie générale des transformations radioactives est fondée sur l'hypothèse que chaque substance se désintègre avec une vitesse qui lui est propre et que le nombre d'atomes

---

[1] Rutherford, *Radio-activity*, 1912, Chap. VIII et XI.

qui se désagrègent par seconde, nombre mesuré par l'activité de la substance, est, à tout instant, proportionnel au nombre des atomes présents. Par conséquent, si P_0 représente le nombre des atomes d'un produit donné quelconque présents à un instant quelconque pris pour origine du temps, le nombre P des atomes présents au bout de t secondes est donné par l'équation

$$(32) \qquad P = P_0 \, e^{-\lambda t},$$

où λ est une constante mesurant la vitesse de désintégration de la substance considérée. Cela ressort immédiatement de la considération suivante. En différentiant l'équation (32), on obtient

$$(33) \qquad \frac{dP}{dt} = - P_0 \lambda \, e^{-\lambda t};$$

par conséquent

$$(34) \qquad \frac{dP}{dt} = - \lambda P.$$

Ainsi λ représente la fraction du nombre total des atomes présents qui se transforme à un moment quelconque; λ définit donc la vitesse de destruction; c'est la *constante de transformation*. On démontre que son inverse, $\frac{1}{\lambda}$, mesure la vie moyenne des atomes. La vitesse de transformation est quelquefois exprimée en fonction de la vie moyenne, mais il est préférable de définir la vitesse de destruction d'une substance par sa constante de transformation ou par le temps T pris par le nombre d'atomes présents pour décroître de moitié. Le temps T est lié à λ par la relation

$$(35) \qquad T = \frac{1}{\lambda} \log_e^2 = 0,693 \, \frac{1}{\lambda}.$$

La quantité T est appelée la *période de demi-valeur* de la substance. Il ressort immédiatement des propriétés d'une courbe exponentielle que T demeure constant quand la substance radioactive se détruit.

Ce n'est que dans certains cas qu'on peut isoler une substance radioactive d'autres corps radioactifs et en étudier les
propriétés particulières; quand on peut le faire, on constate
que l'activité de la substance décroît suivant une loi exponentielle, ainsi que l'indique l'équation (32). Le polonium et l'uranium X offrent des exemples de pareils cas; mais, en raison de
leur faible vitesse de transformation, ces substances ne se prêtent pas bien à la vérification de la loi suivant laquelle leur
activité décroît. D'autre part, l'actinium D et le thorium D, qui
peuvent être isolés par recul, se détruisent un peu vite. Mais il
y a plusieurs cas où des corps complexes se détruisent comme
s'ils étaient des corps simples. Il en est ainsi du dépôt actif de
l'actinium, lorsqu'on l'a recueilli sur une lame exposée pendant

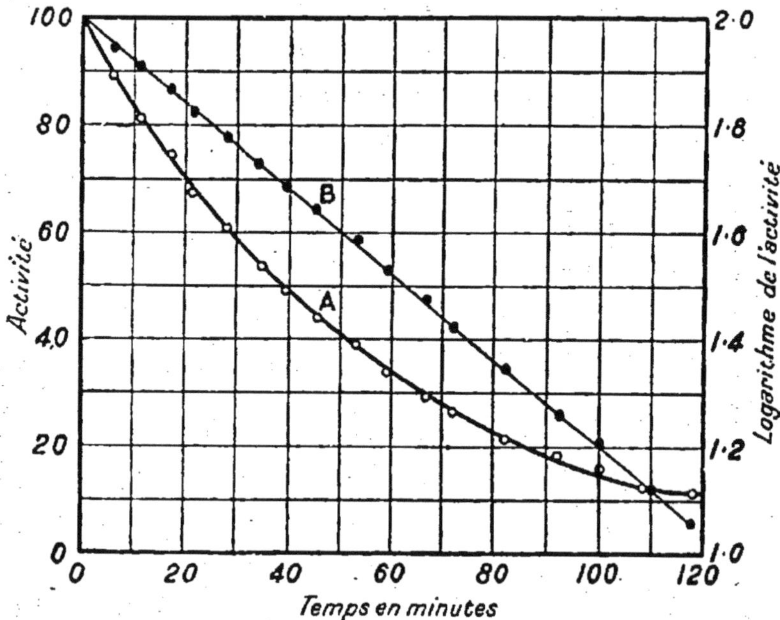

Fig. 45. — Destruction de l'activité des rayons α du dépôt actif de l'actinium
(exposition longue).

au moins 2 heures à l'action de l'émanation. La lame une fois
éloignée de l'émanation, l'activité des rayons α décroît d'après
une loi exponentielle, sauf pendant les premières minutes.

La raison pour laquelle la décroissance de cette activité s'écarte
de la loi exponentielle pendant les premières minutes est
donnée au paragraphe 50. Pour faire cette expérience,
on détermine l'activité au moyen d'un électroscope à rayons α,
à des intervalles fréquents, pendant une heure ou deux. La
figure 45 représente les résultats que l'on obtient ainsi. On
voit que l'activité décroît suivant une loi exponentielle ; elle
diminue de moitié dans chaque période de 36,3 minutes
(courbe A). On peut mieux vérifier l'exactitude avec laquelle la
décroissance obéit à cette loi en portant les temps en abscisses
et les logarithmes de l'activité en ordonnées (courbe B). On
obtiendra une ligne droite si la décroissance est exponentielle ;
car si l'on prend les logarithmes des deux membres de l'équation (32), on obtient la relation

$$(36) \qquad \log \cdot \frac{P}{P_0} = -\lambda.t.$$

On tire immédiatement la valeur de λ de l'inclinaison de
cette ligne.

49. — Destruction des dépôts actifs du thorium et de l'actinium (exposition courte).

Dans le cas exposé au paragraphe 48, on a pu étudier uniquement la transformation d'une matière en une autre ; mais
le processus est généralement plus compliqué. La substance
primitive en produit une seconde, qui peut être elle-même
radioactive, et par conséquent se désintégrer à son tour, donnant ainsi naissance à un troisième produit. Si la troisième
substance est radioactive, elle engendrera un quatrième élément ; il se formera donc, en vertu de ces transformations
successives, une série de corps radioactifs. On connaît trois
séries distinctes de substances radioactives résultant respectivement de la désintégration de l'uranium, de l'actinium et du
thorium.

On peut chercher les résultats que donne la théorie des
transformations radioactives successives dans le cas des dépôts

actifs du radium, du thorium et de l'actinium. Les émanations
donnent naissance à des séries, analogues entre elles, de produits successifs, qui sont indiquées dans le Tableau de la
page 99. Il n'y a lieu de tenir compte que des trois premiers
constituants des dépôts actifs quand on mesure l'activité des
rayons α. Ainsi qu'on le voit dans le tableau, le premier et le
troisième constituants (A et C) du dépôt actif, dans chaque
série, émettent des rayons α, et le second des rayons β mous,
dont l'effet ionisant est faible par rapport à celui des rayons α.

La décroissance du dépôt actif du radium est plus compliquée, dans la pratique, que celle des dépôts actifs de l'actinium
et du thorium, parce que la période du radium A est beaucoup
plus longue que celles de l'actinium A et du thorium A; elle
est de 3 minutes, tandis que celles de ces derniers corps sont
respectivement de 0,002 et de 0,14 seconde. Si donc, après
avoir exposé une lame à l'émanation du thorium ou de l'actinium, on l'enlève et qu'on l'examine, tout le thorium A ou
l'actinium A auront disparu avant qu'on ait pu faire des
mesures (§ 56), à moins qu'on n'emploie des procédés spéciaux
permettant d'opérer très rapidement. C'est pourquoi, lorsqu'on
fait des mesures avec les rayons α, les dépôts du thorium et de
l'actinium se comportent comme s'ils étaient composés chacun
de deux substances seulement, le premier de thorium B
(rayons β mous) et de thorium C (rayons α), le second d'actinium B (rayons β mous) et d'actinium C (rayons α). Il convient donc de considérer ces deux cas plus simples avant
d'étudier la manière dont se comporte le dépôt actif du
radium.

Supposons qu'on expose une lame, pendant quelques minutes,
dans un champ électrique, à l'émanation qui se dégage d'une
préparation de mésothorium, et qu'ensuite on l'enlève. Le thorium A déposé sur la lame se convertira immédiatement en
thorium B. Transportons rapidement la lame activée dans un
électroscope à rayons α et commençons aussitôt une série de
mesures de son activité. Comme le thorium B n'émet pas de
rayons α, l'activité de la lame sera d'abord très faible, mais
elle croîtra pendant les quatre premières heures, puis elle

Série du radium.

Substance.	Période.	Radiation.
Émanation du radium.	3ʲ,85	rayons α
Radium A.	3^m,o	rayons α
Radium B.	26^m,7	rayons β mous et rayons γ
Radium C (complexe).	19^m,5	rayons α, β et γ
Radium D.	16ᵃ,5	rayons β mous
Radium E.	5ʲ,o	rayons β et γ
Radium F (Polonium).	136ʲ	rayons α

Série du thorium.

Substance.	Période.	Radiation.
Émanation du thorium.	53ˢ	rayons α
Thorium A.	o^s,14	rayons α
Thorium B.	10^h,6	rayons β mous
Thorium C (complexe).	60^m	rayons α et β
Thorium D.	3^m,1	rayons β et γ

Série de l'actinium.

Substance.	Période.	Radiation.
Émanation de l'actinium.	3ˢ,9	rayons α
Actinium A.	o^s,002	rayons α
Actinium B.	36^m,3	rayons β mous
Actinium C.	2^m,15	rayons α
Actinium D.	4^m,71	rayons β et γ

décroîtra, d'abord lentement, ensuite plus vite, et finalement
avec la période du thorium B (*fig.* 46). On peut négliger l'influence du thorium A et calculer ainsi qu'il suit la vitesse avec
laquelle l'activité varie avec le temps.

Supposons que nous soyons partis d'une certaine quantité
de thorium B pur; le thorium C engendré par le thorium B se
désintègre à son tour pour former du thorium D; si donc P et Q
désignent respectivement les nombres d'atomes de thorium B

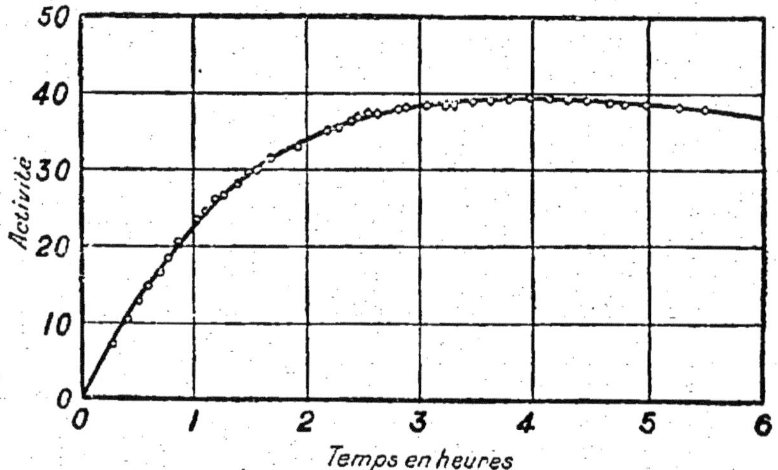

Fig. 46. — Variation de l'activité des rayons α du dépôt actif du thorium
(exposition courte).

et de thorium C présents à un moment quelconque, la vitesse
de l'accroissement du thorium C sera donnée par la différence
entre le nombre des atomes de C produits par B et le nombre
des atomes de C qui se transforment en D, de sorte que, si λ_1
et λ_2 sont respectivement les constantes de transformation de
B et de C, on a la relation

$$(37) \qquad \frac{dq}{dt} = \lambda_1 P - \lambda_2 Q,$$

où la valeur de P est déterminée par l'équation

$$(38) \qquad P = P_0 e^{-\lambda_1 t}.$$

Remarquant que $Q = 0$ quand $t = 0$, on peut démontrer que cette équation a pour solution

$$(39) \qquad P = \frac{P_0 \lambda_1}{\lambda_2 - \lambda_1} [e^{-\lambda_1 t} - e^{-\lambda_2 t}].$$

En substituant respectivement à λ_1 et à λ_2 les constantes de désintégration du thorium B et du thorium C, on peut construire la courbe théorique et la comparer à celle que l'on obtient expérimentalement. Il est facile de calculer l'instant où a lieu le maximum, car, en différentiant l'équation (39) et en égalant à zéro, on obtient la relation.

$$(40) \qquad t_m = \frac{1}{\lambda_1 - \lambda_2} \log_e \frac{\lambda_1}{\lambda_2}.$$

On peut se servir des résultats expérimentaux pour calculer les deux constantes de transformation de l'équation (39). Pour ce faire, il faut deux relations. On obtient la première en déterminant la vitesse de décroissance quand le temps t a pris une grande valeur. Car l'un des termes exponentiels de l'équation (39) devient alors petit par rapport à l'autre, et la décroissance suit une loi exponentielle simple, gouvernée par la période du produit dont la vie est la plus longue. Dans le cas du dépôt actif du thorium, le second terme devient négligeable par rapport au premier au bout de 4 heures environ. On trouve de cette manière λ_1.

Pour obtenir λ_2, il faut une seconde relation. On la trouve en déterminant le temps où a lieu le maximum, et l'on en introduit la valeur dans l'équation (40). Mais il est difficile de fixer avec précision l'instant où le maximum se produit; aussi emploie-t-on plus souvent, pour trouver λ_2, la méthode suivante.

L'équation (39) montre que la courbe de l'activité se compose de deux exponentielles. Par suite, en extrapolant la portion terminale BC de la courbe expérimentale, on obtient l'exponentielle DB, qui part de l'origine du temps (*fig.* 47). Si maintenant on soustrait la courbe expérimentale ABC de la courbe DBC ainsi obtenue, il en résulte une autre exponentielle EE, dont la constante de temps est λ_2.

Le terme variable entre crochets de l'équation (39) est symétrique par rapport à λ_1 et λ_2. Il s'ensuit que cette équation ne permet pas de savoir si c'est le thorium B ou le thorium C qui a la période la plus longue. Pour trancher la question, il faut séparer ces produits l'un de l'autre et déterminer séparément leur vitesse de décroissance (§ 74). Bien qu'on ne puisse pas établir, sans faire cette séparation, laquelle des deux périodes appartient au thorium B et laquelle au thorium C, il est évident que les rayons α sont émis par le thorium C, sans quoi les courbes ne manifesteraient pas l'accroissement que l'on observe pendant les premières heures.

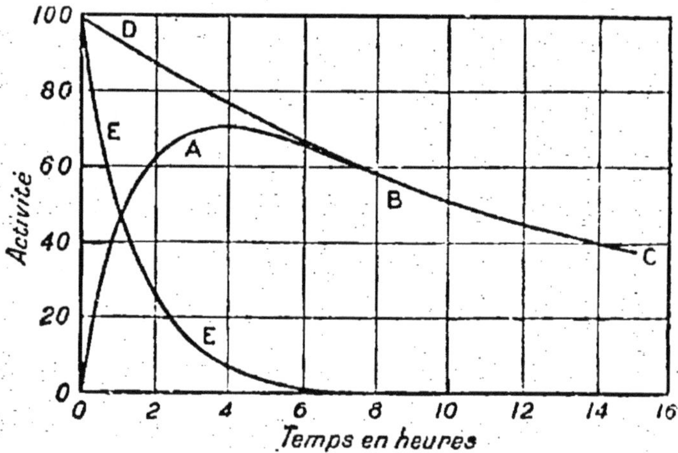

Fig. 47. — Dépôt actif du thorium : analyse de la courbe de l'activité.

La théorie d'une exposition courte à l'émanation de l'actinium est la même que celle qu'on a donnée plus haut pour l'émanation du thorium. Mais, dans le cas présent, le maximum a lieu au bout de 9 minutes ; c'est pourquoi l'exposition ne doit pas durer plus d'une fraction de minute. Nous donnons, dans la figure 48, une courbe montrant la variation de l'activité en fonction du temps. La vitesse avec laquelle croît l'activité dans les premières minutes exige une succession rapide de mesures précises.

On obtient des résultats semblables avec les dépôts actifs de l'actinium et du thorium quand on fait des mesures avec les rayons pénétrants β émis par l'actinium D, le thorium C et le thorium D. Il semble à première vue que les équations ne

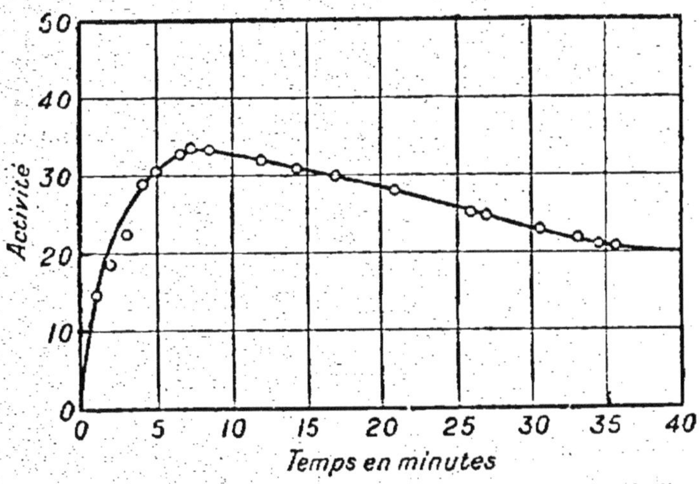

Fig. 48. — Variation de l'activité des rayons α du dépôt actif de l'actinium (exposition courte).

s'appliquent pas, puisque, lorsqu'on part de B, on a affaire à trois produits consécutifs. Mais les périodes de l'actinium D et du thorium D sont courtes; aussi les dépôts se comportent-ils presque comme si la radiation β provenait de l'actinium C et du thorium C.

50. — Destruction des dépôts actifs du thorium et de l'actinium (exposition longue).

Au paragraphe 49 nous avons étudié le cas où au début toute la matière radioactive est de la même espèce. Mais il y a un autre cas d'une importance pratique. Reprenons le cas du thorium; supposons qu'une surface ait été exposée à son émanation pendant 4 ou 5 jours et qu'ensuite on la soumette à un essai. Tandis que, après une exposition courte, le thorium B était seul présent au commencement des mesures, maintenant on a aussi des produits formés par lui. Car, pendant l'exposition longue, le thorium A a eu le temps de se transformer en thorium B et en ses produits successifs. Le nombre des atomes de chacun des produits présents a continué à croître jusqu'au moment où la vitesse de sa production, aux dépens de la substance qui le précède, a commencé à être contre-balancée par sa vitesse de destruction. Cet état une fois atteint, le même nombre d'atomes de chaque produit se détruit par seconde, et les produits sont dits en *équilibre radioactif*.

Soit n_0 le nombre de particules de thorium A déposées par seconde par la source. Si l'équilibre s'est établi, cette quantité est égale aux nombres des atomes de B qui se transforment en C et des atomes de C qui se transforment en D, de sorte que

$$(41) \qquad n_0 = \lambda_1 P_0 = \lambda_2 Q_0 = \lambda_3 R_0,$$

où P_0, Q_0, R_0, sont les quantités de B, de C et de D présentes une fois que l'équilibre a été atteint. Ainsi les nombres des atomes des différents produits présents sont inversement proportionnels à leurs constantes de destruction respectives. Quand la surface exposée est soustraite à l'action de l'émanation, l'équilibre est troublé. Les nombres d'atomes de thorium B et de thorium C présents à un instant ultérieur quelconque peuvent alors être calculés comme il suit.

En combinant les conditions initiales données dans l'équation (41) avec les équations (37) et (38), on obtient l'équation

$$(42) \qquad Q = \frac{\lambda_1 P_0}{\lambda_2 - \lambda_1} \left[e^{-\lambda_1 t} - \frac{\lambda_1}{\lambda_2} e^{-\lambda_2 t} \right],$$

qui donne le nombre des atomes de thorium C présents à tout instant postérieur à la fin de l'exposition. Il résulte de l'équation (42) que l'activité commence par décroître assez lentement, mais, à mesure que le temps croît, approche de plus en plus d'une décroissance exponentielle ayant la période du thorium B. De la courbe obtenue on peut déduire les valeurs de λ_1 et de λ_2 d'une manière semblable à celle qui a été indiquée pour le cas d'une exposition courte (§ 49).

La même considération s'applique au cas de l'actinium, mais l'écart à l'exponentielle simple immédiatement après la fin de l'exposition est faible et ne se manifeste que pendant les premières minutes.

51. — Destruction du dépôt actif du radium.

Le cas du dépôt actif du radium est plus compliqué que ceux des dépôts actifs de l'actinium et du thorium, parce que la période du radium A est comparable à celles des produits qui le suivent. En outre, comme le radium A et le radium C émettent tous deux des rayons α, tandis que le radium B et le radium C émettent des rayons β, les courbes d'activité seront tout à fait différentes suivant qu'on fera des mesures avec les rayons α ou avec les rayons β.

On peut montrer, à l'aide d'un raisonnement semblable à celui du paragraphe 49, que si P, Q et R représentent les nombres d'atomes de radium A, de radium B et de radium C présents à un instant quelconque t, la quantité de chaque produit variera suivant les équations différentielles

$$(43) \quad \begin{cases} \dfrac{dP}{dt} = -\lambda_1 P, \\[2mm] \dfrac{dQ}{dt} = \lambda_1 P - \lambda_2 Q, \\[2mm] \dfrac{dR}{dt} = \lambda_2 Q - \lambda_3 R. \end{cases}$$

Bateman [1] a donné une solution générale de ces équations au moyen de laquelle on peut calculer les nombres des atomes de radium A, de radium B et de radium C présents à un instant quelconque après une exposition d'une durée quelconque. Il y a deux cas d'une importance spéciale et que nous allons étudier : premièrement, celui d'une courte exposition d'une surface à l'émanation du radium ; dans ce cas, le radium A aura

---

[1] BATEMAN, *Proc. Camb. Phil. Soc.*, t. 15, 1910, p. 425.

seul eu le temps de se déposer; deuxièmement, celui d'une
exposition assez longue pour permettre à tous les produits de
parvenir à l'équilibre radioactif.

Dans le premier cas, $Q_0 = R_0 = 0$, et les équations deviennent :

$$(44)\quad \begin{cases} P = P_0 e^{-\lambda t}, \\[2mm] Q = \dfrac{\lambda_1 P_0}{\lambda_2 - \lambda_1}\left[e^{-\lambda_1 t} - e^{-\lambda_2 t}\right]. \\[2mm] R = \lambda_1 \lambda_2 P_0 \left[\dfrac{1}{(\lambda_2 - \lambda_1)(\lambda_3 - \lambda_1)} e^{-\lambda_1 t} \right. \\[3mm] \left. + \dfrac{1}{(\lambda_1 - \lambda_2)(\lambda_3 - \lambda_2)} e^{-\lambda_2 t} \right. \\[3mm] \left. + \dfrac{1}{(\lambda_1 - \lambda_3)(\lambda_2 - \lambda_3)} e^{-\lambda_3 t} \right]. \end{cases}$$

Dans le second cas, celui d'une exposition longue, on a au
début

$$(45)\qquad \lambda_1 P_0 = \lambda_2 Q_0 = \lambda_3 R_0,$$

d'où

$$(46)\quad \begin{cases} P = P_0 e^{-\lambda t}, \\[2mm] Q = Q_0 \left[\dfrac{\lambda_2}{\lambda_2 - \lambda_1} e^{-\lambda_1 t} + \dfrac{\lambda_1}{\lambda_1 - \lambda_2} e^{-\lambda_2 t} \right], \\[2mm] R = R_0 \left[\dfrac{\lambda_2 \lambda_3}{(\lambda_2 - \lambda_1)(\lambda_3 - \lambda_1)} e^{-\lambda_1 t} \right. \\[3mm] \left. + \dfrac{\lambda_1 \lambda_3}{(\lambda_1 - \lambda_2)(\lambda_3 - \lambda_2)} e^{-\lambda_2 t} \right. \\[3mm] \left. + \dfrac{\lambda_1 \lambda_2}{(\lambda_1 - \lambda_3)(\lambda_2 - \lambda_3)} e^{-\lambda_3 t} \right]. \end{cases}$$

Les nombres d'atomes de radium A, de radium B et de
radium C présents à un instant quelconque après une exposition courte ou longue à l'émanation peuvent donc être tirés
des équations (44) et (46). Comme le radium A et le radium C

émettent des rayons α, l'activité M des rayons α, étant proportionnelle au nombre des atomes qui se désintègrent par seconde, est donnée par

$$(47) \qquad M = \lambda_1 P + k\lambda_3 R.$$

où k est le rapport de l'ionisation produite par une particule α issue du radium C à celle que produit une particule α issue du radium A dans les conditions de l'expérience.

Considérons d'abord le cas où une lame est exposée pendant quelques secondes à l'émanation du radium. La matière active déposée sera formée uniquement de radium A; elle sera donc toute de la même espèce. Si l'on porte rapidement la lame dans un électroscope à rayons α, au début l'activité sera due entièrement aux rayons émis par le radium A; elle commencera donc à décroître avec une période de demi-valeur de 3 minutes (¹). La décroissance continuera jusqu'à ce que le radium B engendre du radium C en quantité suffisante pour contre-balancer la destruction du radium A; l'activité augmentera alors légèrement pendant quelque temps; ensuite elle décroîtra de nouveau. Finalement, au bout de plusieurs heures, elle décroîtra avec la période du radium B, tombant à sa demi-valeur en 26, 6 minutes.

Si l'exposition de la surface à l'émanation est prolongée, si elle dure plusieurs heures, la décroissance initiale de l'activité est moins marquée, parce qu'il s'est accumulé une quantité considérable de radium C avant que l'on ait commencé les mesures. La figure 49 donne les courbes théoriques, calculées d'après l'équation (47), de la variation de l'activité des rayons α après une exposition brève et une exposition prolongée. Dans cette équation, la valeur de k est prise pour unité. La courbe I se rapporte à une exposition longue et la courbe II à une exposition très courte.

(¹) Lorsqu'on transporte le fil dans l'électroscope, il arrive souvent qu'une petite quantité d'émanation y adhère. On peut l'éliminer en chauffant le fil dans le vide à 400° C. pendant quelques secondes. On peut aussi l'enlever partiellement en lavant le fil à l'alcool.

Quand on mesure avec les rayons β, l'activité totale N à un instant quelconque est donnée par

$$(48) \qquad N = \lambda_2 Q + l\lambda_3 R.$$

où l est le rapport de l'ionisation produite par une particule β issue du radium C à celle que produit une particule β émanée

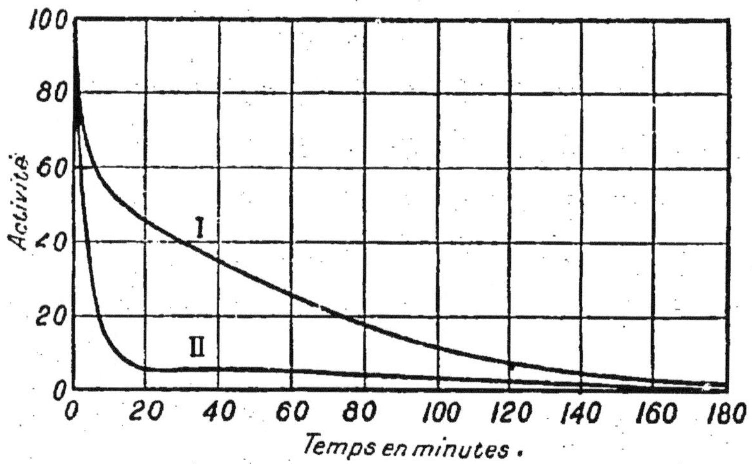

Fig. 49. — Variation de l'activité des rayons α du dépôt actif du radium (exposition longue et exposition courte).

du radium B. La forme des courbes dépend de l'épaisseur de l'écran que traversent les rayons avant d'entrer dans l'électroscope, car le radium C et le radium B émettent des rayons β de pouvoirs pénétrants différents. Le rayonnement du radium B est, pour la plus grande partie, beaucoup plus mou que celui du radium C, de sorte que si les rayons doivent traverser plus de 1^{mm} d'aluminium, l'ionisation produite est due, pour la plus grande part, au radium C. On calcule au moyen de l'équation (48) les courbes obtenues, en y introduisant la valeur de l correspondant à l'épaisseur particulière d'aluminium employée. Les courbes I et II données dans la figure 50 représentent les cas d'expositions de longue et de courte durée où le rayonnement mesuré est dû seulement au radium C. Ces cas ne peuvent pas être réalisés exactement dans la pratique à cause d'une petite quantité de rayonnement dur émise par le radium B. Mais ce rayonnement n'est que de 5 pour 100 environ du rayonnement total; aussi n'influence-t-il que très légèrement les courbes d'activité ([1]).

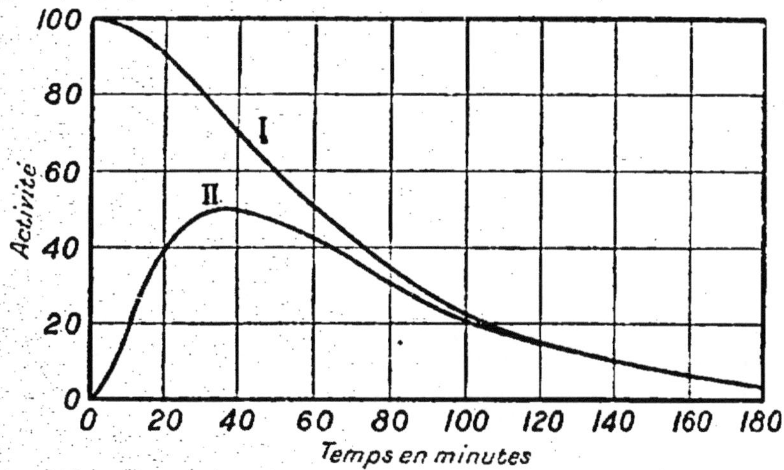

Fig. 50. — Variation de l'activité du dépôt actif du radium mesurée par les rayons du radium C (exposition longue et exposition courte).

L'équation (48) s'applique aussi au cas où l'on mesure le rayonnement γ émis par le radium B et le radium C. Le rayonnement γ du radium B est beaucoup plus mou que celui du radium C, et est pratiquement arrêté par $2^{cm},5$ de plomb. Mesurée à travers cette épaisseur de plomb, la variation de l'activité est représentée par les courbes de la figure 50.

52. — Destruction et régénération des corps radioactifs.

On peut étudier l'accroissement et la destruction ininterrompus des substances radioactives en séparant un corps radioactif de son générateur radioactif et en mesurant simultanément la variation d'activité de l'un et de l'autre. Prenons, par exemple, le cas de la transformation de l'uranium

---

([1]) FAJANS et MAKOWER, *Phil. Mag.*, t. 23, 1912, p. 292.

en uranium X, où l'uranium émet seulement des rayons α, et l'uranium X seulement des rayons β. Si toutes les mesures sont faites avec les rayons β, l'ionisation produite dépend de la quantité d'uranium X présente et non de la quantité d'uranium; l'uranium n'est efficace qu'en tant qu'il produit de l'uranium X, influençant ainsi indirectement le rayonnement à mesurer.

Supposons qu'on ait abandonné quelque temps à lui-même un échantillon d'uranium, de sorte qu'il soit arrivé à être en équilibre avec l'uranium X qu'il produit, lequel a une période

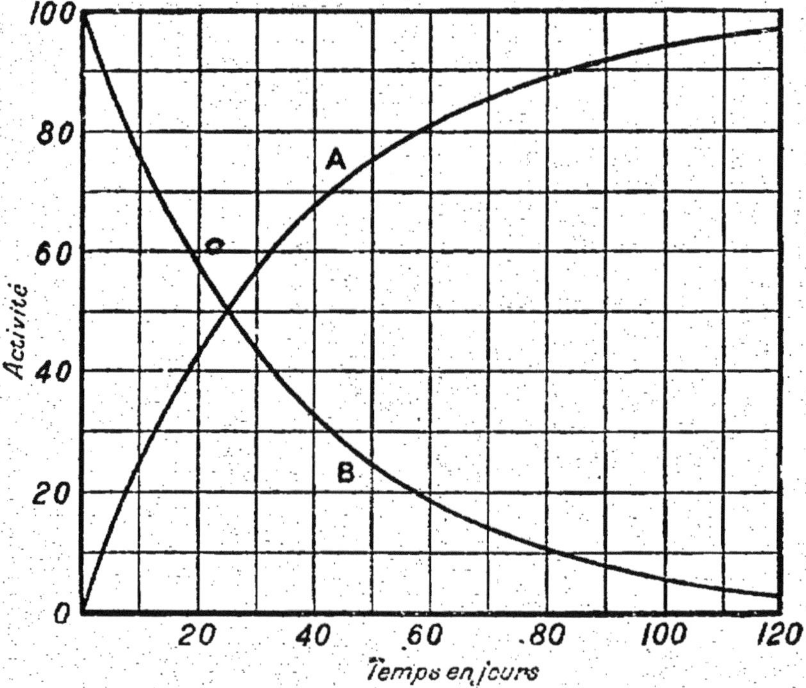

Fig. 51. — Destruction et régénération de l'uranium X.

de 25 jours. Si alors on isole tout l'uranium X contenu dans l'uranium, l'activité des rayons β de l'uranium sera d'abord nulle, mais elle croîtra à mesure que se reformera de l'uranium X. Au bout de quelques mois, l'activité de l'uranium aura repris sa valeur primitive (courbe A, *fig.* 51). Pendant ce temps, l'uranium X que l'on a isolé décroîtra exponentiellement, pour finir par être en quantité négligeable (courbe B). La somme des activités des rayons β de l'uranium et de l'uranium X sera toujours constante, ce qui montre que l'uranium X se reforme continuellement aux dépens de l'uranium exactement avec la même vitesse avec laquelle l'uranium X isolé se détruit. Si donc λ est la constante de désintégration de l'uranium X, la quantité de cette substance restant dans la portion séparée de l'uranium sera donnée à un instant quelconque, après la séparation, par l'équation

$$(49) \qquad Q = Q_0\, e^{-\lambda t},$$

où Q_0 est la quantité d'uranium X primitivement séparée de l'uranium. Du fait que la somme de la quantité d'uranium X contenue dans la portion séparée de l'uranium et de la quantité d'uranium X associée à l'uranium est constante, il résulte immédiatement que la quantité d'uranium X associée à l'uranium au bout d'un temps t est donnée par l'équation

$$(50) \qquad Q = Q_0(1 - e^{-\lambda t}).$$

Pour faire l'expérience, on isole, par la méthode décrite au paragraphe 66, l'uranium X contenu dans 10^g environ d'oxyde d'uranium. Mais les échelles des deux courbes obtenues sont différentes, attendu que l'absorption des rayons β par la couche épaisse d'oxyde d'uranium est considérable en comparaison de leur absorption par la pellicule d'uranium X. Cette expérience instructive a l'inconvénient d'exiger que l'on poursuive les observations pendant plusieurs semaines. Mais il n'y a pas d'autre substance qui se prête aussi bien à la démonstration expérimentale du fait dont il s'agit.

La relation qui existe entre la vitesse de décroissance de l'activité de l'uranium X et la vitesse de régénération de l'uranium dont il a été séparé est d'ordre tout à fait général. Ainsi, si tout le dépôt actif produit par de l'émanation de radium contenue dans un tube s'est fixé sur un fil introduit dans le tube, et qu'on enlève le fil, les nombres d'atomes de radium A, de radium B et de radium C qui se trouveront sur le fil décroîtront suivant l'équation (46), et le fil finira par devenir inactif. Pendant que cela aura lieu, le dépôt actif se régénérera dans le tube, et le nombre d'atomes de chaque produit présent dans le tube à un instant quelconque sera complémentaire du nombre d'atomes du même produit qui se trouvera sur le fil. Cela revient à dire que le nombre total des atomes de chaque produit qui se trouvent les uns à l'intérieur, les autres à l'extérieur du tube, est constant. Par conséquent, si $f(t)$ représente la variation de l'activité en fonction du temps du produit qui se détruit, la vitesse avec laquelle le produit se régénère dans le tube est donnée par $1 - f(t)$, si l'on néglige la lente destruction de l'émanation. Quand $f(t)$ sera devenu petit par rapport à l'unité, la fonction $1 - f(t)$ aura presque atteint une valeur limite constante. L'instant où cela arrive pour chaque produit détermine la durée d'exposition nécessaire pour obtenir la quantité maximum possible de ce produit. Ainsi la quantité de radium C qui se trouve sur un fil après une exposition prolongée à l'émanation du radium décroît jusqu'à 1 pour 100 environ en 2 heures, alors que pendant le même temps il s'accumule dans le tube 99 pour 100 de la quantité correspondant à l'équilibre.

53. — Vitesse de destruction de l'actinium C.

Au paragraphe 49, nous avons appelé l'attention sur le fait que, bien que les valeurs des constantes de destruction des produits radioactifs successifs puissent se déduire de la forme des courbes de destruction, on ne peut pas établir à quels produits ces constantes appartiennent respectivement. Pour pouvoir le faire, il faut séparer les produits les uns des autres.

On a déjà vu que les courbes de destruction du dépôt actif de l'actinium obtenues par des mesures des rayons α dépendent de deux produits dont les périodes sont de 36,3 minutes et de 2,1 minutes, et aussi que le second produit, à savoir l'actinium C, émet des rayons α, tandis que l'actinium B n'en émet pas. On peut séparer ces produits en plongeant une lame de nickel dans une solution du dépôt actif (§ 72). Après qu'on a enlevé la lame de nickel, on constate qu'elle émet un rayonnement α décroissant avec une période de 2,1 minutes. En conséquence, le second produit, c'est-à-dire l'actinium C. décroît avec cette période, tandis que l'actinium B décroît de moitié en 36,3 minutes.

On peut aussi séparer partiellement l'actinium C par une des méthodes générales suivantes. Dans la première de ces méthodes, on met à profit le fait que l'actinium C est beaucoup moins volatil que l'actinium B. Ainsi, si l'on chauffe pendant quelques secondes à 800° C. environ une lame de platine qui a été exposée à l'émanation de l'actinium, il restera sur cette lame de l'actinium C en excès, et l'activité des rayons α décroîtra rapidement d'abord, ce qui montre de nouveau que le produit qui émet les rayons α est celui dont la période est la plus courte. Dans la seconde méthode, on enlève de la lame, en les dissolvant, l'actinium B et l'actinium D; il n'y reste que l'actinium C. Pour faire l'expérience, on plonge une lame de platine recouverte de dépôt actif d'actinium dans de l'acide chlorhydrique ou sulfurique dilué. La solution doit être à peu près décinormale et la lame rester immergée pendant quelques secondes. La lame ayant été portée dans un électroscope à rayons α, on constate de nouveau que son activité décroît d'abord rapidement, ce qui montre que l'actinium B a été partiellement dissous par l'acide (¹).

54. — Comparaison des vitesses de destruction des émanations.

Les émanations du radium, du thorium et de l'actinium ont des vitesses de destruction très différentes. On peut vérifier ce fait en les introduisant dans un électroscope à émanations (*fig.* 17) et en observant la vitesse de disparition de l'activité dans chaque cas.

La manière la plus facile d'introduire dans l'électroscope les émanations du thorium et de l'actinium est de faire barboter

---

(¹) Schrader, *Phil. Mag.*, t. 24, 1912, p. 125.

de l'air dans une solution de la matière active. Quand le courant a passé pendant 1 minute environ, on ferme l'électroscope et l'on mesure aussitôt la variation de l'activité. Avec l'émanation du thorium, on constate que l'activité diminue de moitié en 53 secondes; l'activité de l'émanation de l'actinium disparaît entièrement en quelques secondes; il reste une faible activité due au dépôt actif. La vitesse de destruction de l'émanation de l'actinium est trop grande pour pouvoir être mesurée de cette façon, mais elle peut être déterminée par la méthode indiquée au paragraphe 55.

Une solution contenant quelques grammes de nitrate de thorium produit une quantité suffisante d'émanation, pourvu que le gaz ne prenne pas trop de temps pour passer de la solution dans l'électroscope. Cette condition est évidemment plus importante encore dans le cas de l'actinium.

On introduit l'émanation du radium dans l'électroscope d'une manière semblable : on fait barboter de l'air à travers une solution de radium. L'activité commence par croître pendant environ 4 heures à cause de la formation du dépôt actif; elle décroît ensuite avec une période de 3,85 jours, qui est caractéristique de cette émanation. Une quantité minime de radium suffit à remplir le but (§ 62). Avec le radium, il faut d'abord faire un vide partiel dans l'électroscope, puis laisser l'air chargé de l'émanation pénétrer dans cet appareil jusqu'à ce que la pression atmosphérique s'y soit établie. Il importe d'éviter les pertes d'émanation de radium, ce produit prenant longtemps à se régénérer. Par contre, les émanations du thorium et de l'actinium se reforment très rapidement.

55. — **Vitesse de destruction de l'émanation de l'actinium.**

Quand on opère sur une substance radioactive dont la vie est courte, il faut employer des méthodes spéciales pour déterminer sa vitesse de destruction. L'émanation de l'actinium décroît de moitié en 3,9 secondes; la méthode suivante, que l'on emploie pour trouver sa vitesse de destruction, est un exemple de la façon dont on opère quand on a affaire à des produits à vie courte.

Pour déterminer la vitesse de destruction de l'émanation de l'actinium, on fait usage de l'appareil représenté dans la figure 52. On met une préparation d'actinium dans un vase

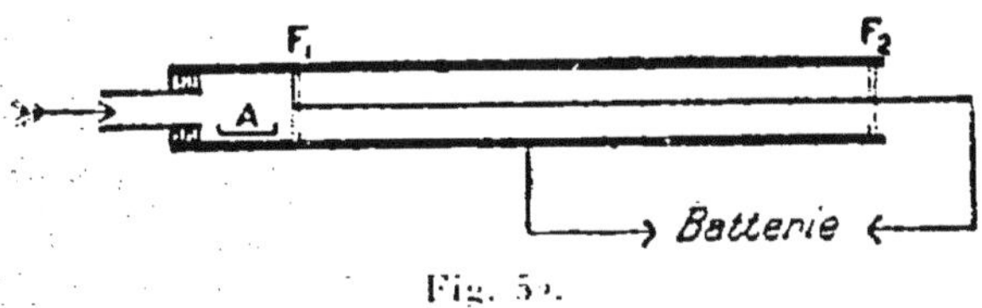

Fig. 52.

plat A à l'une des extrémités d'un tube métallique de 40^{cm} de long et de 1^{cm} de diamètre environ. Un fil, fixé suivant l'axe du tube, est soutenu par deux petits supports en ébonite F_1, F_2. Un champ est maintenu entre le tube et le fil par une batterie donnant environ 100 volts; le fil est relié au pôle négatif de la batterie et le tube au pôle positif. On établit ensuite dans le tube un courant d'air de vitesse constante qui entraîne l'émanation. Comme l'émanation, pendant son passage par le tube, est soumise à un champ électrique, le dépôt actif produit dans les différentes parties du tube se porte aussitôt sur l'électrode centrale. L'émanation se détruisant dans une proportion mesurable pendant son passage par le tube, il y aura des différences appréciables entre les quantités de dépôt actif qui se fixeront sur les différents points du fil.

On règle la vitesse du courant de telle sorte que le temps pris par l'émanation pour traverser le tube dans toute sa longueur soit plusieurs fois plus long que 3,9 secondes, constante de demi-valeur de l'émanation. Après que le courant a passé pendant environ 2 heures, l'activité du fil a atteint, pratiquement, un maximum, attendu que la période de demi-valeur de l'actinium B est de 36,3 minutes; en effet, ce produit étant celui dont la vie est la plus longue, c'est de lui que dépend la vitesse d'accroissement du dépôt actif. Le fil une fois activé, on l'enlève et on le coupe en morceaux d'environ 1^{cm} ou 2^{cm} de long, que l'on essaye successivement dans un électroscope à rayons z. Les activités de ces morceaux font alors connaître la manière dont l'émanation s'est répartie le long du tube pendant le passage du courant d'air. Bien entendu, il faut apporter une correction aux chiffres trouvés à cause de la décroissance du dépôt actif, puisque les différents morceaux du fil ne peuvent pas être essayés en même temps. La vitesse de destruction de l'activité est exponentielle, et l'activité décroît avec une constante de demi-valeur de 36,3 minutes (Appendice II). Une fois qu'on a déterminé l'activité en différents points du tube de la façon qui vient d'être indiquée, il ne reste plus à connaître que la vitesse du passage de l'émanation par le tube pour pouvoir calculer la vitesse de destruction de l'émanation.

On peut maintenir un courant de gaz d'une vitesse constante au moyen d'une grande chambre à gaz, ou plus commodément à l'aide de l'appareil représenté dans la figure 53.

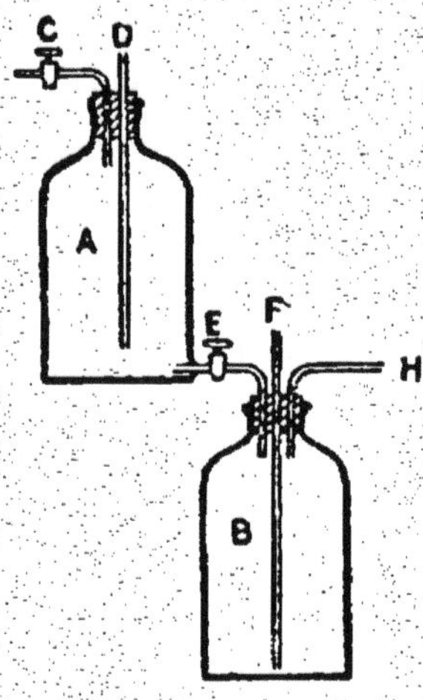

Fig. 53

Un grand flacon A, qui est complètement rempli d'eau au commencement de l'expérience, communique par le robinet E avec un flacon semblable B. A travers le bouchon du flacon B, qui est vide au début, passent trois tubes, F, H et un autre qui communique avec le robinet E, comme le montre la figure.

Quand on est prêt à commencer l'expérience, on ferme le robinet C et l'on ouvre le robinet E. Il s'écoulera alors de l'eau dans B, et cette eau sera remplacée par de l'air, qui entrera par D. Il faut remarquer que, comme le tube D descend presque jusqu'au fond du flacon A, l'eau s'écoulera toujours par E avec une pression constante légèrement supérieure à la pression atmosphérique, et fera passer par H un courant d'air constant, dont la vitesse sera indépendante de la hauteur de l'eau du flacon A. Bien entendu, il faut avoir soin que tous les joints de l'appareil soient hermétiques. A la fin de l'expérience, on peut faire repasser l'eau de B dans A en reliant le tube F au tube D par un tube de caoutchouc, en ouvrant le robinet C, en fermant le robinet E et en faisant jouer une pompe à eau reliée à C.

56. — Vitesse de destruction des produits à vie très courte.

Les méthodes que nous avons indiquées pour déterminer la vitesse de destruction des substances radioactives ne sont pas applicables quand on a affaire à des produits qui se détruisent très rapidement. Le cas du thorium A offre un exemple de la manière dont on mesure la période de demi-valeur d'un produit à rayons α dont la vie est très courte. La méthode consiste essentiellement à concentrer la matière active sur un fil animé d'un mouvement de rotation et dont on mesure l'activité à différentes distances de l'endroit où se trouve la matière

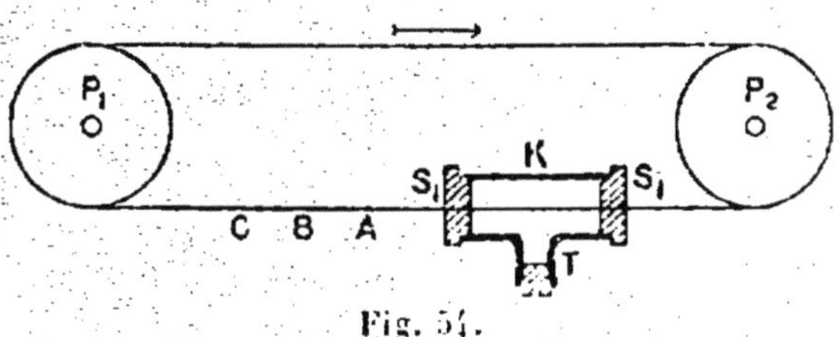

Fig. 54.

active. De la vitesse de rotation du fil on déduit la vitesse de destruction du produit.

L'appareil représenté dans la figure 54 peut être employé pour le thorium A, qui décroît de moitié en 0,14 seconde. Un fil sans fin passe sur les poulies P_1, P_2 et par l'axe d'un cylindre métallique K de 10^{cm} de long et de 1^{cm} de diamètre environ. Le fil, que l'on maintient à un potentiel négatif, est guidé et isolé par deux bouchons d'ébonite S_1 et S_2. L'émanation qui se dégage d'une petite quantité d'une préparation très active, telle que du mésothorium, contenue dans le tube latéral T, produit du thorium A, qui, étant chargé positivement, se porte sur le fil dès qu'il est formé. Lorsque le fil est en mouvement, le thorium A est transporté par lui à une certaine distance avant de perdre son activité. On peut observer directement l'activité en différents points A, B. C du fil en comptant les scintillations produites par ces points. On peut donc déduire la constante de destruction du thorium A de la vitesse du fil, que l'on connaît, et des distances entre les points où l'on a fait les observations. Le fil ne doit pas se mouvoir avec une vitesse supérieure à quelques centimètres par seconde.

La période de l'actinium A, qui n'est que de $\frac{1}{500}$ de seconde, a été déterminée par un procédé semblable, mais l'expérience est très difficile.

57. — Diffusion des émanations du thorium et de l'actinium [1].

Les vitesses de diffusion des émanations ont été mesurées et comparées à celles des gaz ordinaires. Les résultats obtenus conduisent à la conclusion que les émanations sont des gaz de poids moléculaires élevés. Les mesures de diffusion sont assez compliquées dans le cas de l'émanation du radium, qui se détruit lentement. mais les coefficients de diffusion des émanations du thorium et de l'actinium peuvent être déterminés par une méthode due à Rutherford.

L'appareil employé à cet effet se voit dans la figure 55. Une tige mince A traverse le bouchon isolant D et suit l'axe du tube de laiton P, qui a environ 15^{cm} de long et 6^{cm} de diamètre. On étale uniformément la préparation de thorium dans le vase plat C, dont le diamètre est presque égal à celui du tube. On

---

[1] RUTHERFORD, *Radio-activity*, 1913, § 139 et suiv.

relie la tige A au pôle négatif et le tube au pôle positif d'une batterie d'accumulateurs. L'émanation diffuse à partir de la source, et, en se détruisant, donne naissance au dépôt actif. qui se porte aussitôt sur le fil en suivant les lignes de force.

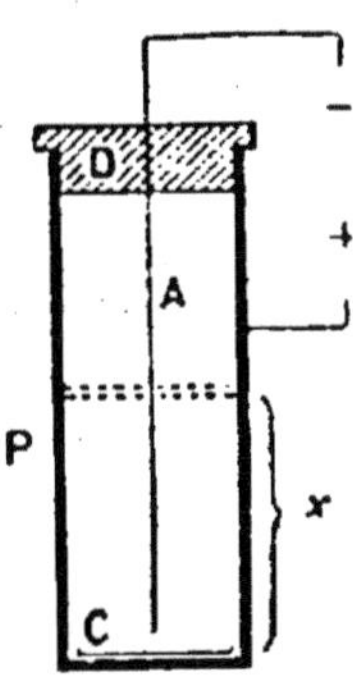

Fig. 55.

La distribution du dépôt actif le long du fil est donc la même que celle de l'émanation dans le sens vertical.

Considérons, dans le cylindre, une tranche dont la surface soit égale à l'unité et l'épaisseur dx; soient k le coefficient de diffusion et N le nombre d'atomes d'émanation par unité de volume à une distance x de la préparation de thorium. Une fois qu'un régime régulier s'est établi, la quantité d'émanation entrant dans la tranche d'épaisseur ∂x, pendant le temps ∂t.

est $k\dfrac{dN}{dx}\partial t$, et la quantité qui en sort pendant le même temps est

$$k\frac{d(N + \partial N)}{dx}\partial t;$$

par conséquent, la quantité d'émanation contenue entre les deux plans situés aux distances x et $x + \partial x$ du thorium est donnée par la différence entre les deux quantités ci-dessus; elle est donc égale à $k\dfrac{d^2N}{dx^2}\partial t\,\partial x$. Or cette quantité doit se détruire *in situ*, et par suite être égale à $-\dfrac{dN}{dt}\partial t\,\partial x$. On obtient donc l'équation

$$(51) \qquad k \frac{d^2 N}{dx^2} = - \frac{dN}{dt}.$$

Or, si λ est la constante de désintégration de l'émanation,

$$(52) \qquad - \frac{dN}{dt} = \lambda N.$$

d'où

$$(53) \qquad k \frac{d^2 N}{dx^2} = \lambda N.$$

La solution de cette équation est de la forme

$$(54) \qquad N = A\, e^{-\sqrt{\frac{\lambda}{k}}\, x} + B\, e^{\sqrt{\frac{\lambda}{k}}\, x},$$

et, comme $N = 0$ quand $x = \infty$, on a $B = 0$.

Si N_0 est le nombre d'atomes d'émanation par unité de volume dans la partie du tube qui se trouve immédiatement au-dessus du thorium, $N = N_0$ quand $x = 0$, de sorte que $A = N_0$.

Donc

$$(55) \qquad N = N_0\, e^{-\sqrt{\frac{\lambda}{k}}\, x}.$$

Or la quantité de dépôt actif, aux différents points de la tige, est proportionnelle à N, et par conséquent décroît exponentiellement à mesure que la distance augmente. Par suite, si l'on connaît la valeur de λ, on peut déduire le coefficient k.

Afin d'éviter l'action perturbatrice des courants d'air, on enferme l'appareil dans une boîte où on l'entoure d'ouate. On opère sur quelques grammes d'hydrate de thorium, ou, de préférence, sur une préparation de mésothorium ou de radio-thorium; l'exposition doit durer 24 heures environ, espace de temps qui permet de recueillir une quantité suffisante de dépôt actif. Pour déterminer la distribution de l'activité, on coupe le fil en morceaux de 5^{mm} de long environ. On essaye ces morceaux dans un électroscope à rayons α, et l'on inscrit leurs activités en regard de leurs distances moyennes à la préparation de thorium. On constate que l'activité le long du fil diminue de moitié dans chaque intervalle de 2^{cm} environ. Le Tableau suivant donne quelques résultats typiques.

Tableau montrant la diffusion de l'émanation du thorium
(longueur des morceaux du fil = $4^{mm},9$).

Distance moyenne à la source.	Activité du fil.
mm	
4,9	45,8
9,8	38,0
14,7	32,3
19,6	27,8
24,5	23,3
29,4	20,3
34,3	16,7
39,2	14,0
44,1	12,7
49,0	10,9
53,9	9,3
58,8	7,6

Le coefficient de diffusion tiré de ces nombres est de 0,115. On peut faire une expérience semblable sur l'émanation de l'actinium. Dans ce cas, l'activité le long du fil diminue de moitié dans chaque intervalle de $0^{cm},5$ environ.

CHAPITRE VIII.

MESURES AU MOYEN D'ÉTALONS.

88. — Étalons de radium.

La manière la plus simple de définir une quantité de substance radioactive est d'indiquer sa masse; mais, sauf dans le cas de substances à longue vie, telles que le thorium, l'uranium et le radium, il ne s'accumule pas de quantités de matière suffisantes pour pouvoir être pesées, même à l'aide de la balance la plus sensible. On ne peut généralement pas doser le radium en le pesant, soit parce qu'on ne dispose pas d'une quantité de sel suffisante, soit parce que le sel n'est pas pur. C'est pourquoi on a établi des étalons primaires contenant des quantités connues de sel pur de radium; pour déterminer la teneur d'un échantillon en radium, on compare son activité à celle d'un étalon. Autant que possible, on fait cette comparaison au moyen des rayons γ.

La question de l'établissement d'un étalon a été discutée au Congrès international de Radiologie qui s'est tenu à Bruxelles en 1910, et depuis on a préparé un étalon international et on l'a déposé à Paris, au Bureau international des Poids et Mesures. On a constitué cet étalon en prenant un poids connu de chlorure de radium isolé par Mme Curie en vue de la détermination du poids atomique du radium. La composition chimique du sel étant connue, on a pu calculer la quantité de radium contenue dans l'étalon.

L'étalon primaire déposé à Paris est constitué par 21^{mg},99 de chlorure de radium scellé dans un tube de verre de 1^{mm},45 de diamètre et de 3^{cm},2 de long. Les parois de ce tube ne sont épaisses que de 0^{mm},27, de sorte que l'absorption des rayons γ par le tube est faible. Un autre étalon primaire, formé de

3$1^{mg}$,17 de chlorure de radium, a été déposé à Vienne comme étalon de réserve, et la comparaison des rayons γ émis par ces deux étalons indépendants a montré qu'ils concordent à moins de 2 dixièmes pour 100 près. Ils sont exempts de mésothorium, ayant été préparés au moyen de pechblende de Joachimsthal, minerai qui ne renferme pas de thorium. Il ne faut pas faire d'étalons avec du radium extrait de minéraux renfermant du thorium, car de pareilles préparations contiennent invariablement du mésothorium, élément qui émet des rayons γ et qu'on n'est jamais parvenu à séparer du radium. Quand on se sert d'une préparation de radium contenant du mésothorium, on ne sait pas quelle proportion du rayonnement γ est due au radium et quelle proportion au mésothorium; en outre, l'activité de la préparation varie d'une façon appréciable pendant un certain nombre d'années après qu'elle a été faite, à cause de la décroissance du mésothorium et de l'accroissement initial du thorium D.

Une fois qu'on a établi un étalon primaire, n'importe quel échantillon de radium peut lui être comparé et servir d'étalon secondaire. La préparation d'un étalon secondaire exige les mêmes précautions que celle d'un étalon primaire. Un étalon secondaire contenant 1^{mg} ou 2^{mg} de chlorure de radium suffit dans bien des cas. Pour des recherches spéciales, telles que la détermination de la teneur des minéraux en radium, il faut employer un étalon très faible. Un pareil étalon peut être préparé de la manière indiquée au paragraphe **62**.

La teneur en mésothorium d'une préparation de cette substance est généralement exprimée en termes de radium : on compare son activité γ à celle d'un étalon de radium. Ainsi une quantité de mésothorium donnant, quand la préparation vient d'être faite, la même activité γ que 1^{mg} de radium se vend pour 1^{mg} de mésothorium. Mais cette comparaison est arbitraire : en premier lieu, le pouvoir pénétrant des rayons γ du mésothorium n'est pas le même que celui des rayons γ du radium, de sorte que le résultat de la comparaison dépend de l'épaisseur de l'écran de plomb employé pour arrêter les rayons β; en second lieu, il est impossible d'obtenir des préparations de mésothorium exemptes de radium.

59. — Dosage du radium au moyen d'un électroscope à rayons γ.

Le dosage de grandes quantités de radium se fait presque invariablement par la méthode de Rutherford, qui consiste à comparer l'activité γ de l'échantillon à examiner avec celle d'une quantité connue de radium. Or le radium lui-même n'émet pas de rayons γ; il en est de même des trois termes suivants de la série radioactive, à l'exception du radium B, qui émet des rayons γ mous, ainsi qu'on l'a montré récemment [1]; le rayonnement γ pénétrant du radium est donc dû entièrement au quatrième produit présent dans le sel de radium, c'est-à-dire au radium C, et, avant de faire la comparaison dont il s'agit, il faut abandonner le radium à lui-même pendant quelques semaines, après l'avoir scellé dans un tube de verre, de façon que l'équilibre s'établisse entre lui et ses produits de désintégration. Si le radium est resté enfermé dans un tube pendant 1 mois au moins, le radium C aura atteint sa valeur d'équilibre, et se trouvera par conséquent en quantité proportionnelle à celle du radium; le rayonnement γ du radium C donnera alors une mesure de la quantité de radium contenue dans le tube.

Pour doser le radium en fonction de l'étalon, on mesure successivement l'activité des rayons γ des deux préparations à l'aide d'un électroscope dans des conditions identiques. Les déperditions qui se produisent dans l'électroscope, diminuées de la fuite spontanée, sont proportionnelles aux quantités de radium contenues dans les tubes, et donnent par conséquent un moyen direct de les comparer. La méthode n'est applicable qu'à des quantités de radium supérieures à un dixième de milligramme. Pour des comparaisons précises, les deux échantillons doivent contenir des quantités de radium aussi rapprochées que possibles, mais on peut comparer deux échan-

---

[1] Moseley et Makower, *Phil. Mag.*, t. 23, 1912, p. 302.

tillons dont l'un contient dix fois plus de radium que l'autre.
Il est impossible de faire avec précision la comparaison directe
de deux quantités encore plus différentes entre elles. Pour que
les expériences donnent des résultats exacts, il faut que les
conditions suivantes soient remplies :

1° La préparation étalon de radium doit être placée à une
distance telle de l'électroscope à rayons γ qu'il s'y produise une
ionisation commodément mesurable (environ 10 divisions par
minute). On remplace ensuite l'étalon par l'échantillon à
étudier, et l'on mesure de nouveau la déperdition de l'électroscope. Pour vérifier l'exactitude des mesures, on répète les
observations en faisant varier la distance des échantillons à
l'électroscope et l'épaisseur des écrans de plomb. Le rapport
des activités des deux préparations doit être le même dans
chaque cas. Dans ces mesures, les préparations ne doivent pas
être très près de l'électroscope, sans quoi le moindre déplacement qu'elles subiraient déterminerait une forte erreur.

2° Le rayonnement qui entre dans l'électroscope doit être
entièrement du type γ; car l'absorption des rayons γ par la
matière radioactive et par le récipient qui la contient est faible,
et par suite une légère différence dans l'épaisseur de la couche
de matière radioactive et des parois du récipient est sans effet.
Il n'en est évidemment pas de même des rayons β; c'est pourquoi ils ne peuvent pas être employés au dosage du radium.
Pour qu'il n'entre pas de rayons β primaires ni secondaires
dans l'électroscope, il faut que ses parois soient faites de
feuilles de plomb de 3^{mm} d'épaisseur et que ses fenêtres de verre
soient épaisses de 4^{mm} au minimum. Néanmoins il y entrera
toujours des rayons γ primaires dispersés; aussi les objets qui
sont près de lui ne doivent-ils pas être déplacés pendant une
série d'expériences.

3° Toutes les préparations radioactives autres que l'échantillon à mesurer doivent se trouver loin de l'électroscope, de
manière à ne pas l'affecter par leurs rayons γ.

4° Il faut sceller hermétiquement les échantillons de radium
que l'on veut comparer, pour empêcher qu'il ne s'en dégage de

l'émanation, car, si l'on ne prend pas cette précaution, le radium C ne sera pas en équilibre avec le radium. En outre. si la moindre trace d'émanation s'échappe pendant une expérience, elle peut s'introduire dans l'électroscope et vicier complètement la comparaison par l'activité de ses rayons α.

5° Il faut, si possible, enfermer les deux échantillons dans de très petits tubes, de façon qu'ils constituent des sources presque ponctuelles. En outre, les parois des tubes ne doivent pas avoir beaucoup plus d'un cinquième de millimètre d'épaisseur, afin que l'absorption des rayons γ par le tube soit négligeable. Au cas où le tube aurait des parois plus épaisses, on pourrait faire une correction pour l'absorption des rayons, en admettant un coefficient d'absorption de $0,11^{\text{cm}^{-1}}$ pour le verre.

6° Si, comme il arrive quelquefois, le radium a été préparé au moyen d'un minéral contenant du thorium, il peut en résulter des erreurs sérieuses, à cause de la présence possible du mésothorium, qui émet également des rayons γ (§ 58). Il n'y a pas de procédé bien simple pour déterminer si du mésothorium se trouve mélangé au radium; mais on peut en déceler la présence en dissolvant le sel et en chassant l'émanation. Si la solution ne contient pas de mésothorium, l'activité aura presque disparu au bout de 3 heures: mais il n'en sera pas ainsi au cas de la présence de mésothorium. En raison du risque que l'on court de perdre du radium pendant les manipulations, cet essai ne doit être fait que lorsqu'il y a une raison sérieuse pour soupçonner la présence du mésothorium.

60. — Dosage du radium par une méthode d'équilibre.

Quand on compare des quantités de radium par la méthode des rayons γ, la principale cause d'incertitude réside dans la difficulté de savoir si le courant qui traverse l'électroscope est saturé dans chacune des mesures que l'on effectue. L'erreur provenant du défaut de saturation peut être particulièrement sérieuse quand on compare des quantités de radium ayant des activités très différentes. Une méthode très délicate,

qui n'a pas cet inconvénient et qui supprime la nécessité de
mesurer la fuite spontanée, a été imaginée par Rutherford et
Chadwick ([1]). Cette méthode consiste à équilibrer les courants
d'ionisation que produisent successivement, dans une chambre
d'ionisation, les rayons γ émis par les deux préparations et
celui qui est produit dans une seconde chambre par de l'uranium placé à l'intérieur de cette chambre. L'ionisation produite dans la seconde chambre reste constante, tandis qu'on
fait varier celle qui se produit dans la première en modifiant
la distance entre elle et la préparation. Une fois les courants
d'ionisation équilibrés, la position de la préparation de radium
sur une règle graduée donne une mesure de sa teneur en
radium.

La disposition générale de l'expérience se voit dans la
figure 56. En réglant la distance de la préparation de radium R

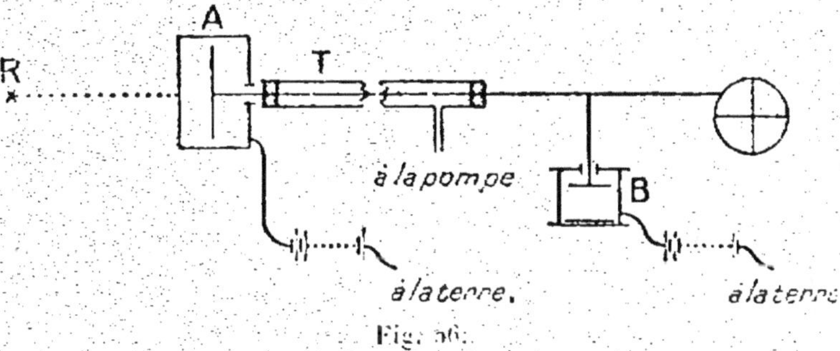

Fig. 56.

à la chambre A, on équilibre le courant produit par les
rayons γ de cette préparation et celui qui traverse le gaz contenu dans B, où se trouve l'oxyde d'uranium. L'électromètre
indique si l'équilibre est établi. On fait les observations
successivement avec un étalon de radium et la préparation
dont on veut connaître la teneur en radium, et l'on note les
distances de ces échantillons à la chambre d'ionisation A pour
lesquelles l'équilibre est atteint. Comme, entre des limites
étendues, l'intensité du rayonnement qui produit l'ionisation
est inversement proportionnelle au carré de la distance du

([1]) Rutherford et Chadwick. *Proc. Phys. Soc. Lond.*, t. 24, 1912, p. 141.

radium à la chambre A, on peut comparer les forces de deux sources. Dans l'appareil décrit par Rutherford et Chadwick, la chambre A était un cylindre de plomb de 2^{cm} d'épaisseur, de 10^{cm} de long et de 15^{cm} de diamètre intérieur. Ce cylindre était fermé à l'une de ses extrémités par une plaque de plomb de 2^{cm} d'épaisseur; son autre extrémité, par laquelle entraient les rayons γ, était épaisse de 1^{cm}. L'électrode intérieure était formée d'une plaque circulaire en aluminium de 1^{mm} d'épaisseur et de 12^{cm} de diamètre, et était isolée par une pièce annulaire de soufre munie d'un anneau de garde. La communication avec l'électromètre était assurée par un fil passant par un tube métallique T de plusieurs mètres de long, où l'on faisait le vide pour éviter l'ionisation que les rayons γ y auraient produite si le fil avait été entouré d'air.

La chambre B était formée d'un cylindre de laiton de 4^{cm} de haut et de 4^{cm} de diamètre. On plaçait à l'intérieur de cette chambre une pellicule d'oxyde d'uranium obtenue par le procédé de Mac Coy (§ 30). Au-dessus de la pellicule était un diaphragme à iris dont on pouvait faire varier le diamètre de l'ouverture entre 0^{cm},5 et 3^{cm}, ce qui permettait de modifier l'ionisation dans de larges limites. A sa partie inférieure, cette chambre d'ionisation était vissée à un bloc d'ébonite, fixé lui-même à un bloc de plomb de 1^{cm} d'épaisseur. Elle était protégée contre les rayons γ extérieurs par un cylindre de plomb de 6^{cm} de haut et 3^{cm} d'épaisseur. L'électrode était constituée par une plaque circulaire de cuivre.

Pour comparer entre elles les deux préparations de radium, il faut tenir compte de l'absorption des rayons γ par l'air interposé entre les sources et la chambre A. Si d est l'épaisseur de la plaque de plomb, r la distance de la source à la surface antérieure de la chambre, μ_1 le coefficient d'absorption des rayons γ dans le plomb et μ le coefficient d'absorption de ces rayons dans l'air, l'intensité du rayonnement, dans la chambre d'ionisation, est proportionnelle à

$$(56) \qquad \frac{e^{-\mu_1 d} e^{-\mu r}}{r(r+a)},$$

où a représente la profondeur de la chambre d'ionisation, qui doit être faible par rapport à r. Donc, si S milligrammes, placés à une distance r_1 de la chambre d'ionisation, produisent la même ionisation que R milligrammes placés à une distance r_2, on aura, puisque l'absorption par la plaque de plomb est la même dans les deux cas,

$$(57) \qquad \frac{R\,e^{-\mu r_2}}{r_2(r_2 + a)} = \frac{S\,e^{-\mu r_1}}{r_1(r_1 + a)}$$

ou

$$(58) \qquad \frac{R}{S} = \frac{r_2}{r_1}\,\frac{r_2 + a}{r_1 + a}\,e^{-\mu(r_1 - r_2)}.$$

Si les rayons γ traversent 1^{cm} de plomb avant d'entrer dans la chambre d'ionisation, $\mu = 0,000060^{(cm)-1}$ pour l'air à la température et à la pression normales.

La méthode décrite ci-dessus peut être employée pour mesurer des quantités de radium supérieures à 1^{mg}. S'il s'agit de comparer des quantités plus petites, on est obligé de placer les préparations si près de la chambre d'ionisation que la loi d'après laquelle l'intensité est inversement proportionnelle au carré de la distance ne se vérifie plus. Il faut alors déterminer expérimentalement la variation de l'ionisation avec la distance de la préparation à la chambre d'ionisation.

61. — Dosage de l'émanation du radium.

La méthode exposée ci-dessus pour comparer deux échantillons de radium peut servir à doser l'émanation du radium contenue dans un tube. Comme la période de l'émanation est longue devant celle du dépôt actif, la quantité de radium C en équilibre avec l'émanation est à très peu de chose près la même, que l'émanation soit ou non en contact avec la quantité de radium correspondant à l'équilibre. Ainsi, l'activité γ d'un tube contenant une certaine quantité d'émanation séparée de son radium sera, à très peu de chose près, la même que si la quantité de radium en équilibre avec cette quantité d'émanation se trouvait dans le tube.

La quantité d'émanation en équilibre avec 1^s de radium est appelée un *curie* d'émanation, et la millième partie de cette quantité, un *millicurie*. De même, les quantités de radium A, de radium B et de radium C en équilibre avec 1^s de radium sont appelées respectivement un *curie* de radium A, de radium B ou de radium C. En conséquence, si l'on compare l'activité γ d'un tube renfermant de l'émanation de radium avec celle d'un tube étalon de radium, on peut déterminer directement le nombre de curies d'émanation présents.

Le mode opératoire est exactement pareil à celui qui a été décrit plus haut, où il s'agissait de comparer les quantités de radium contenues dans deux tubes; mais pour obtenir une détermination exacte d'une quantité d'émanation, il faut faire une correction. En effet, considérons un tube rempli d'émanation exempte de ses produits de désintégration. Comme l'émanation elle-même n'émet pas de rayons γ, le tube ne manifestera pas d'activité au début, mais bientôt des rayons γ apparaîtront, par suite de la formation de radium B et de radium C; l'activité ira en croissant, atteindra un maximum au bout de 4 heures environ, et finalement décroîtra avec la période de l'émanation. Elle paraîtra alors en équilibre avec ses produits de désintégration; mais ce n'est pas là un état de véritable équilibre, c'est-à-dire un état où les nombres d'atomes des produits successifs qui se désintègrent par seconde sont égaux. Car, pendant le temps qui s'écoulera jusqu'à ce que l'équilibre apparent soit établi, l'émanation aura décrû; il en résulte que les nombres d'atomes de radium B et de radium C qui se désintégreront par seconde seront un peu supérieurs au nombre d'atomes d'émanation qui se désintégreront par seconde au même moment. On a donné le nom d'*équilibre passager* à cet état d'équilibre apparent, qui existe chaque fois que la durée de la vie d'un produit n'est pas assez courte pour être négligeable par rapport à celle de la substance précédente, qui gouverne sa décroissance.

Il est facile de calculer la correction à faire quand on dose l'émanation par comparaison avec un étalon de radium, où existe un équilibre vrai entre les produits de désintégration. Car soient respectivement $\lambda_1, \lambda_2, \lambda_3$ et λ_4 les constantes de désintégration de l'émanation et de ses produits successifs. Si l'on prend pour unité le nombre d'atomes d'émanation qui se désintègrent par seconde au début, le nombre d'atomes de radium C qui se détruiront à un moment ultérieur quelconque sera donné par

$$(59) \quad N = \lambda_2 \lambda_3 \lambda_4 \left[\frac{e^{-\lambda_1 t}}{(\lambda_2 - \lambda_1)(\lambda_3 - \lambda_1)(\lambda_4 - \lambda_1)} \right.$$
$$+ \frac{e^{-\lambda_2 t}}{(\lambda_1 - \lambda_2)(\lambda_3 - \lambda_2)(\lambda_4 - \lambda_2)}$$
$$+ \frac{e^{-\lambda_3 t}}{(\lambda_1 - \lambda_3)(\lambda_2 - \lambda_3)(\lambda_4 - \lambda_3)}$$
$$\left. + \frac{e^{-\lambda_4 t}}{(\lambda_1 - \lambda_4)(\lambda_2 - \lambda_4)(\lambda_3 - \lambda_4)} \right].$$

Au bout de quelques heures, les termes exponentiels contenant λ_2, λ_3 et λ_4 deviennent négligeables, et par suite le nombre d'atomes de radium C qui se détruisent par seconde est donné par

$$(60) \quad N' = \frac{\lambda_2 \lambda_3 \lambda_4 \, e^{-\lambda_1 t}}{(\lambda_2 - \lambda_1)(\lambda_3 - \lambda_1)(\lambda_4 - \lambda_1)}.$$

Or, dans le cas de l'équilibre vrai, le nombre d'atomes de radium C qui se détruisent par seconde est donné par $e^{-\lambda_1 t}$. En conséquence, le rapport du nombres d'atomes de radium C qui se détruisent au nombre de ceux qui se détruiraient si l'équilibre vrai s'était établi est donné par

$$\frac{\lambda_2 \lambda_3 \lambda_4}{(\lambda_2 - \lambda_1)(\lambda_3 - \lambda_1)(\lambda_4 - \lambda_1)}.$$

En remplaçant dans cette expression λ_1, λ_2, λ_3 et λ_4 par leurs valeurs, qui sont connues, on obtient le chiffre de 1,0089. La quantité d'émanation observée est donc supérieure de 0,89 pour 100 à la quantité réellement présente, et c'est là la correction à apporter quand on fait les mesures avec les rayons durs γ qui restent après que le rayonnement a traversé 2^{cm} de plomb. Mais si l'on effectue les mesures après que les rayons ont traversé 3^{mm} de plomb, comme on le fait quelquefois, le rayonnement γ est dû non seulement au radium C, mais encore au radium B. Dans ce cas, la correction est un peu plus faible; on peut montrer qu'elle est d'environ 0,85 pour 100 (*voir* aussi Appendice II).

62. — Détermination de petites quantités de radium (méthode de l'émanation).

Ce n'est que lorsqu'on a affaire à des quantités relativement grandes de matière active que l'on peut doser le radium par la méthode des rayons γ. Avec $0^{mg},1$ de radium, les mesures deviennent difficiles, et avec des quantités plus petites encore cette méthode ne donne pas de bons résultats. Une méthode très sensible pour mesurer de petites quantités de radium repose sur la détermination de la quantité d'émanation associée au radium. Cette méthode, qui a été élaborée dans le détail par Boltwood (¹), consiste à introduire l'émanation dans un électroscope et à comparer son pouvoir ionisant à celui de l'émanation provenant d'un étalon de radium. L'étalon et l'échantillon de radium à lui comparer doivent être en solution; on peut en effet éliminer par l'ébullition toute l'émanation contenue dans une solution de radium. La sensibilité de la méthode est très grande, puisque au lieu des rayons γ on emploie les rayons α pour faire les mesures.

Pour préparer un petit étalon, on mesure exactement une certaine quantité de radium par la méthode des rayons γ, puis on la dissout dans de l'acide chlorhydrique dilué. On étend la solution au moyen d'acide faible et l'on en prélève une petite portion. On dilue encore cette portion, et l'on répète cette opération jusqu'à ce qu'on ait obtenu une solution contenant

---

(¹) BOLTWOOD, *Phil. Mag.*, t. 9, 1905, p. 599.

environ 10^{-5} mg de radium par centimètre cube. On prend alors 1^{cm^3} de la solution, on l'introduit dans un ballon soigneusement nettoyé, d'une capacité de 250^{cm^3} environ, et l'on porte le volume à environ 100^{cm^3} par l'addition d'acide chlorhydrique étendu. Les précautions nécessaires pour maintenir le radium en solution ont déjà été indiquées (§ 44). On fait bouillir la solution pour en chasser toute l'émanation, puis on scelle le ballon. La quantité d'émanation qui s'accumule en un temps déterminé, compté à partir du moment où le ballon a été scellé, peut facilement se calculer en fonction de la quantité correspondant à l'équilibre.

Si l'on n'a pas besoin d'une très grande précision, on peut faire une solution étalon en dissolvant dans l'acide nitrique 50^{mg} environ de pechblende de composition connue. La force de la solution peut se déduire de la composition du minéral; car le radium étant un produit de désintégration de l'uranium, la teneur du minéral en radium est proportionnelle à sa teneur en uranium : $3,4 \times 10^{-7}$ gramme de radium sont en équilibre avec 1^g d'uranium. Ainsi, par exemple, 1^g de pechblende de Joachimsthal renferme $0^g,617$ d'uranium, et par conséquent $2,1 \times 10^{-4}$ mg de radium ([1]).

Pour préparer une solution étalon, on dissout dans l'acide nitrique 1^g de pechblende pure. On a un faible résidu insoluble, qui peut contenir une partie du radium. On filtre, et on lave le résidu à l'acide chlorhydrique chaud pour enlever les sels de radium qui y adhèrent. On évapore ensuite à siccité au bain-marie la solution, qui contient alors la totalité du radium, et l'on dissout le résidu dans de l'acide chlorhydrique. On étend la solution et l'on en prélève le vingtième. Cette quantité renferme $1,05 \times 10^{-5}$ mg de radium.

Pour faire passer l'émanation de la solution de radium dans l'électroscope, on se sert de l'appareil représenté dans la figure 57 ([2]). On relie à la burette à gaz D le ballon C, qui contient la solution de radium. On recueille l'émanation dans

---

([1]) BOLTWOOD, *Phil. Mag.*, t. 9, 1905, p. 599.
([2]) BOLTWOOD, *loc. cit.*

cette burette, sur l'eau chaude, parce que l'eau froide dissout
l'émanation dans une mesure appréciable. Voici comment on
opère. On commence par chauffer le ballon E, qui contient de
l'eau, puis on fait passer de l'eau chaude de ce ballon dans la

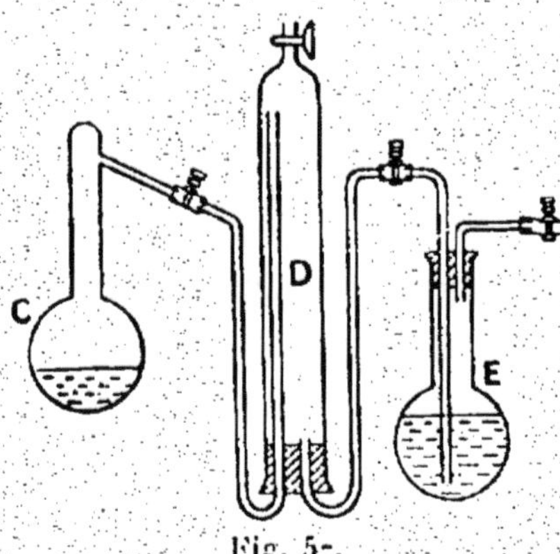

Fig. 57.

burette. Ensuite on fait bouillir la solution renfermant le
radium, de façon à chasser dans la burette l'air qui surnage la
solution; on maintient l'ébullition pendant 5 minutes
environ afin que toute l'émanation se dégage et soit entraînée
dans la burette par la vapeur engendrée. On ferme alors la
burette et l'on scelle le ballon. Ensuite on met la solution de
côté; il s'y accumulera de nouveau de l'émanation, qui pourra
servir à une nouvelle expérience. On fait le vide dans l'électroscope au moyen d'une pompe à eau (¹) et l'on y laisse pénétrer
l'émanation, qui traverse au préalable un tube dessiccateur. On
détache ensuite la burette de l'électroscope et l'on fait passer
un courant d'air sec par les tubes de communication dans
l'électroscope pour balayer toute trace d'émanation que ces

(¹) Si, au lieu d'une pompe à eau, on fait usage d'une pompe à huile, il
faut avoir grand soin de ne pas prendre une pompe qui ait été employée
dans des expériences effectuées sur de grandes quantités d'émanation; car
l'émanation se dissout dans l'huile et peut se dégager ultérieurement et
entrer dans l'électroscope. Les mesures peuvent alors être complètement
viciées. Pour la même raison, on doit avoir soin, quand on transvase de
l'émanation, de ne pas se servir de mercure contaminé par de la matière
active.

tubes pourraient encore contenir et pour établir la pression
atmosphérique dans l'électroscope. On ferme alors l'électroscope et on l'abandonne à lui-même pendant 4 heures,
pour permettre à l'émanation de produire les quantités de
radium A, de radium B et de radium C correspondant à l'équilibre. Pendant ce temps il faut maintenir l'électroscope
chargé, afin d'assurer une répartition déterminée du dépôt
actif entre les électrodes; cette répartition restera invariable
pendant qu'on fera les mesures. Le mieux est de charger la
feuille négativement, de façon à concentrer le dépôt actif sur
la tige centrale. A cause du champ intense que l'on crée ainsi
près de l'électrode centrale, la saturation s'obtient plus facilement dans ces conditions que si le dépôt actif se portait sur
les parois de l'électroscope. La vitesse de déperdition de
l'électroscope donne une mesure de l'activité de la solution de
radium. On ne doit pas laisser l'émanation dans l'électroscope
plus longtemps que ne l'exigent les mesures; autrement le
radium F qui se formerait augmenterait peu à peu la fuite
spontanée.

On répète sur la solution où il s'agit de doser le radium
l'opération décrite ci-dessus. Dans le cas où la teneur en
radium de cette solution est élevée par rapport à celle de
l'étalon, il faut la faire bouillir pour en chasser toute l'émanation, puis la sceller; au bout d'un temps déterminé, qui
dépend de la force de la solution, il s'y sera accumulé une
quantité d'émanation approximativement égale à celle que
renferme l'étalon, et qui correspond à l'équilibre. On fait alors
passer l'émanation dans l'électroscope de la manière indiquée
plus haut et on la dose. Connaissant la quantité Q d'émanation
qui s'est accumulée dans la solution pendant le temps déterminé que l'on a choisi, on peut calculer la quantité Q_0 en
équilibre avec le radium contenu dans la solution d'après
l'équation

$$(61) \qquad Q = Q_0(1 - e^{-\lambda t}),$$

où t est le temps pendant lequel l'émanation s'est accumulée
et λ la constante de désintégration de l'émanation.

63. — Activité des minéraux et des eaux minérales.

La méthode décrite au paragraphe 62 peut aussi être employée pour mesurer la radioactivité des eaux minérales et des minéraux. Considérons d'abord le cas des eaux minérales, où l'activité est due, en général, à de l'émanation de radium provenant de dépôts souterrains de radium, ou quelquefois à de petites quantités de radium dissoutes dans l'eau de la source. Il est facile de distinguer entre ces deux cas, car, dans le premier, l'eau restera inactive après qu'on en aura éliminé l'émanation par l'ébullition, tandis que dans le second l'activité réapparaîtra graduellement après qu'on aura chassé l'émanation. Dans les deux cas, on peut doser l'émanation en solution dans l'eau en l'introduisant dans un électroscope à émanation étalonné à l'aide d'une solution de radium de force connue.

Il est facile de déterminer la teneur en radium de minéraux tels, par exemple, que la pechblende, la carnotite et l'autunite, qui se dissolvent dans l'acide nitrique. On fait bouillir la solution du minéral pour en chasser toute l'émanation de radium qui y est dissoute, puis on l'abandonne à elle-même pendant un temps déterminé pour permettre à l'émanation de se régénérer. Ensuite, on chasse de nouveau l'émanation par l'ébullition, on la recueille et on la dose. Quand les minéraux sont insolubles dans l'acide nitrique, on les dissout par des méthodes chimiques spéciales, après quoi on peut trouver leur teneur en radium. Joly a imaginé une autre méthode pour extraire l'émanation renfermée dans les métaux radioactifs. On mélange le minéral avec des carbonates de sodium et de potassium, puis on porte le mélange au rouge vif dans un four électrique. On recueille les gaz qui se dégagent et qui contiennent l'émanation, et on les fait passer dans un électroscope. Pour plus de détails, nous renvoyons au Mémoire de Joly [1].

---

[1] Joly, *Phil. Mag.*, t. 22, 1911, p. 134.

61. — Dosage de produits radioactifs par la méthode des scintillations.

On peut doser les produits radioactifs qui émettent des rayons α en comptant les scintillations produites par les particules α sur un écran au sulfure de zinc. Dans la série du radium, on sait que 1 curie d'un produit quelconque émet $3,4 \times 10^{10}$ particules α par seconde, de sorte que la détermination du nombre des particules α émises constitue une méthode de dosage du produit.

On détermine le nombre des particules α émises en comptant le nombre des scintillations produites sur une surface donnée d'un écran au sulfure de zinc placé à une distance connue de la source de rayonnement. Si l'écran est enduit uniformément d'une couche suffisamment épaisse de cristaux de sulfure de zinc, presque chacune des particules α qui le frappent produit une scintillation. Or, comme les particules α sont émises en nombre égal dans toutes les directions, le nombre total Q de particules α émises par la source pendant une seconde sera donné par l'équation.

$$(62) \qquad Q = \frac{4\pi r^2 N}{A},$$

où N est le nombre des particules α frappant l'écran par seconde. A la surface de l'écran et r la distance entre la source et l'écran. Le procédé que l'on emploie pour compter les scintillations a déjà été indiqué au paragraphe 33. On peut faire l'expérience au moyen de l'appareil reproduit dans la figure 29. La lame active S est montée à l'extrémité d'une tige de verre D, qui glisse dans un joint de caoutchouc hermétique. On l'introduit dans le tube A, qui doit avoir 3^{cm} de diamètre environ, par le bouchon de verre rodé C, et l'on règle sa distance à l'écran au sulfure de zinc R de manière qu'il se produise sur celui-ci 40 scintillations environ par minute quand le tube A est purgé d'air. On constate que, même avec une source constante de rayonnement, le nombre des scintillations apparaissant par minute sur l'écran varie entre des limites étendues (§ 37). Pour obtenir une moyenne suffisamment précise, il faut compter au moins 1000 scintillations. On peut calculer ensuite, à l'aide de l'équation (62), le nombre total de particules α émises par la source par seconde, si l'on a mesuré exactement la distance de la source à l'écran et si l'on connaît l'aire d'observation sur l'écran. On déduit cette dernière quantité du diamètre du champ du microscope, que l'on peut déterminer en visant une échelle graduée. Pour vérifier l'exactitude des mesures, on répète l'expérience en faisant varier la distance entre la source de rayonnement et l'écran.

On doit prendre les précautions suivantes pour obtenir des résultats exacts :

1° Il faut essayer l'écran de temps à autre pour voir s'il est inactif et s'il reçoit des particules de sources autres que la lame S. A cet effet, on enlève la lame, ou bien on laisse entrer dans l'appareil une quantité d'air suffisante pour empêcher les particules α émises par la lame de parvenir à l'écran. Les scintillations doivent alors cesser complètement; s'il n'en est pas ainsi, il faut, quand on calcule le nombre des particules α émises par la source, tenir compte de celles qui proviennent d'ailleurs;

2° Pour que chaque particule α qui parvient à l'écran produise une scintillation, il faut qu'elle frappe un cristal de sulfure de zinc. C'est pourquoi la plaque sur laquelle est déposé le sulfure de zinc doit être complètement recouverte d'une couche de cette matière phosphorescente; la couche ne doit pas être trop épaisse. Le rapport du nombre des scintillations qui apparaissent sur l'écran au nombre des particules α qui le frappent est appelé l'*efficacité de l'écran*, et si, comme on le constate ordinairement, l'efficacité n'est que de 80 ou 90 pour 100, il faut tenir compte de ce fait.

Avant de se servir d'un écran, on doit déterminer son efficacité en comptant les scintillations produites par une quantité connue d'une matière active telle que le dépôt actif du radium, dont on aura mesuré l'activité de la façon ordinaire par la méthode des rayons γ. Mais nous devons signaler que, si la source est assez active pour être mesurée par les rayons γ. le nombre des particules α émises sera si grand que, pour pouvoir compter exactement les scintillations, il faudra placer l'écran à plusieurs mètres de distance. On peut obtenir une efficacité parfaite en observant les scintillations sur un fragment de diamant soigneusement poli ; mais les scintillations y sont beaucoup plus faibles que sur le sulfure de zinc, et leur intensité varie beaucoup d'un diamant à un autre ([1]) ;

3° Il faut avoir soin qu'aucune particule émise par la source active n'atteigne l'écran par réflexion diffuse sur les parois du tube. Si la distance de la source à l'écran n'est pas beaucoup plus grande que le diamètre du tube, l'erreur sera minime, car la probabilité que des particules α soient déviées d'un grand angle par réflexion diffuse sur les parois du tube est très faible. Mais quand la distance de la source à l'écran est grande par rapport au diamètre du tube, des particules α qui auront subi de petites déviations en vertu d'une pareille réflexion parviendront à l'écran. Dans ce cas, il convient de fixer des diaphragmes dans le tube.

([1]) REGENER, *Sitzungsberichte der preussischen Akademie der Wissenschaften*, t. 38. 1909, p. 948.

CHAPITRE IX.

SÉPARATION DES SUBSTANCES RADIOACTIVES.

65. — Méthodes générales de séparation.

Nous avons déjà dit que l'on peut quelquefois séparer les corps radioactifs les uns des autres par la méthode du recul (§ 46). Cette méthode est très commode pour obtenir de grands rendements de radium B, d'actinium D et de thorium D en un état de grande pureté. Mais elle ne s'applique qu'à un nombre restreint de cas, et il faut souvent recourir à d'autres moyens de séparation. Dans certains cas, il est possible d'isoler les produits par distillation, car les températures de volatilisation des différents termes des séries radioactives ne sont pas les mêmes ; mais ce procédé, bien que quelquefois applicable, est compliqué par le fait que le point de volatilisation d'un produit dépend de la nature de la surface sur laquelle la matière se trouve déposée (¹). Une autre méthode, qui a été élaborée par von Hevesy (²), est celle de l'électrolyse. On peut aussi ajouter à la substance radioactive à isoler, qui se trouve généralement en quantité minime, un élément qui lui ressemble pour les propriétés chimiques, et précipiter cet élément ; le précipité entraîne alors la substance radioactive en question, qui se sépare ainsi des autres.

Nous donnons dans ce Chapitre quelques méthodes importantes de séparation. Le lecteur trouvera dans d'autres ou-

---

(¹) Schrader, *Phil. Mag.*, t. 24, 1912, p. 125.
(²) Von Hevesy, *Phil. Mag.*, t. 23, 1912, p. 628.

vrages (¹) des descriptions plus complètes des propriétés chimiques des éléments radioactifs.

Les manipulations décrites dans ce Chapitre doivent être faites dans une pièce réservée aux travaux de chimie; cela diminue le risque de contaminer les instruments de mesure par des matières radioactives. Comme on ne peut pas débarrasser les récipients de verre employés dans les opérations chimiques de toute trace de matière radioactive, il est essentiel d'avoir des séries distinctes de verres à précipités pour les diverses séparations.

66. — Séparation de l'uranium X d'avec l'uranium.

Il y a plusieurs méthodes pour séparer l'uranium X de l'uranium; nous en indiquons deux.

Méthode de l'hydrate ferrique. — La meilleure méthode est celle de Crookes (²). On prépare une solution de nitrate d'uranium soit en dissolvant dans l'eau quelques grammes de nitrate d'uranyle, soit en dissolvant de l'oxyde d'uranium dans de l'acide nitrique dilué. On ajoute à la solution 20$^{cm^3}$ environ de chlorure ferrique dissous dans de l'eau. On amène ensuite la solution à un volume de 100$^{cm^3}$ au moins, on la porte à l'ébullition et l'on y ajoute lentement une solution concentrée d'ammoniaque contenant du carbonate d'ammonium. En même temps, on agite la solution jusqu'à ce que l'hydrate d'uranium, précipité par l'ammoniaque, ait été redissous par le carbonate d'ammonium. L'uranium X et l'hydrate ferrique ne se redissolvent pas. On les recueille sur un filtre, on les lave avec du carbonate d'ammonium pour les débarrasser des dernières traces d'hydrate d'uranium, puis on les sèche. Par cette méthode, on sépare en une seule opération 95 pour 100 de l'uranium X.

(¹) *Cf.* Soddy, *The Chemistry of the Radio-elements.* Longmans, Green and Co., 1911 (*La Chimie des éléments radioactifs.* Gauthier-Villars et Cⁱᵉ, 1915).

(²) Crookes, *Proc. Roy. Soc.*, A. 66, 1900, p. 409.

Séparation de l'uranium X par le charbon animal. — Une autre méthode de séparation de l'uranium X consiste à ajouter à une solution étendue de nitrate d'uranium du charbon animal ou de la suie récemment préparée et obtenue en brûlant du camphre. On fait bouillir la solution pendant environ une demi-heure, après quoi on sépare la suie ou le charbon animal par filtration. L'uranium X se sépare avec la suie, par laquelle il est absorbé. On concentre ensuite l'uranium X en brûlant la suie.

67. — Séparation du radium C d'avec le dépôt actif du radium.

Pour obtenir du radium C exempt de radium A et de radium B, on emploie généralement la méthode de von Lerch [1]. On recueille le dépôt actif du radium sur une surface de platine en exposant pendant quelques heures, de la manière ordinaire, dans un champ électrique, cette surface à de l'émanation de radium; ou bien on abandonne à elle-même pendant quelques heures, dans un tube de verre, de l'émanation de radium, de sorte que les parois se recouvrent de dépôt actif, puis on fait passer l'émanation dans un autre récipient. Ensuite on lave à l'alcool la surface de platine ou le tube pour enlever les traces d'émanation qui y adhèrent, et l'on dissout le dépôt actif dans de l'acide chlorhydrique concentré et chaud. On étend la solution et l'on y plonge une lame de nickel. On agite alors la solution, et en quelques minutes la plus grande partie du radium C se dépose sur la lame par action électrochimique. Ensuite on lave soigneusement la lame à l'eau chaude pour la débarrasser de la solution qui y adhère.

Dans cette séparation, il faut attendre que tout le radium A se soit désintégré avant de plonger la lame de nickel dans la solution; car s'il y a du radium A, il se déposera sur le nickel avec le radium C et produira, en se désintégrant, du radium B. Si l'on attend 20 minutes, le radium A qui se sera formé aux dépens de l'émanation ne possédera plus que

---

[1] Von Lerch, *Ann. der Phys.*, t. 20, 1906, p. 345.

1 pour 100 environ de son activité première, tandis que la quantité du radium C ne sera que légèrement diminuée. Comme il suffit, en général, qu'un seul côté de la lame soit actif, on recouvre l'autre d'un vernis insoluble qui empêche qu'il ne s'y dépose du radium C.

68. — Séparation du radium D. Séparation du radium E.

Une préparation de radium qu'on a abandonnée à elle-même pendant quelques années, sans en éliminer l'émanation, renferme des quantités appréciables de radium D, de radium E et de radium F. On peut obtenir des activités considérables en extrayant ces éléments de préparations anciennes de radium contenant seulement de $0^{mg},01$ à $0^{mg},1$ de radium.

Le *radium* D présente une ressemblance étroite avec le plomb pour les propriétés chimiques, et l'on peut le précipiter avec cet élément. C'est pour cela qu'il a été d'abord appelé radioplomb. On dissout la préparation de radium dans l'acide chlorhydrique et l'on ajoute à la solution une trace de chlorure de plomb. On précipite le plomb par l'hydrogène sulfuré, qui précipite en même temps le radium D. Comme, dans cette opération, il se précipite, en général, un peu de radium, on recueille le précipité sur un filtre, on le redissout dans de l'acide nitrique concentré, et l'on reprécipite le plomb par l'hydrogène sulfuré. On recueille sur un filtre le sulfure de plomb, qui contient le radium D. Le radium D lui-même n'émet que des rayons β très mous, mais il commence aussitôt à se former du radium E, qui, au bout de quelques semaines, est en équilibre radioactif avec le radium D. Le précipité constitue, dès lors, une source presque constante de radiations β. Au bout de quelques mois, il s'y est formé du polonium en quantité appréciable, et alors il émet aussi des rayons α.

Au lieu d'extraire le radium D d'une préparation de radium, il vaut mieux prendre de l'émanation et attendre qu'elle se soit transformée en radium D. On recueille 10 millicuries au moins d'émanation, qu'on laisse se désintégrer dans un tube fermé. Le dépôt actif qui s'est formé sur les parois se transforme en radium D, et au bout de quelques semaines toute l'émanation est convertie en radium D. On dissout cet élément dans de l'acide nitrique concentré et on le recueille sur une surface de verre ou de platine, où l'on évapore l'acide.

On isole facilement le *radium E*, soit en plongeant une lame de nickel dans une solution de radium D obtenue en dissolvant le dépôt actif du radium, soit en le faisant se déposer électrolytiquement sur une cathode d'argent au moyen d'un courant d'une densité d'environ 1 milliampère par centimètre carré. La solution doit être exempte de polonium, car si cet élément s'y trouve, il se déposera également. La présence du plomb vicie la méthode, de sorte qu'on ne peut pas en faire usage pour séparer le radium E des résidus plombifères de la pechblende, à moins qu'on n'en ait d'abord éliminé la plus grande partie du plomb ([1]).

60. — Séparation du radium F (polonium).

Le polonium a d'abord été extrait de la pechblende en même temps que le bismuth, avec lequel il est précipité par l'hydrogène sulfuré. Mais il est beaucoup plus simple de le tirer d'une solution de radium D où l'on a laissé s'accumuler du polonium. A cet effet, on plonge dans la solution une lame de cuivre ou de bismuth soigneusement polie et on l'y laisse une demi-heure environ. La solution ne doit pas être très acide, sans quoi la surface de la lame pourrait s'attaquer. On recouvre de vernis l'un des côtés de la lame pour empêcher qu'il ne s'y dépose du polonium; ou bien on fixe la lame avec de la cire à l'extrémité d'un tube de verre, dans lequel on introduit la solution.

C'est de la même façon que l'on sépare directement le polonium d'une solution de radium. Il peut se faire que quelques-uns des produits à destruction rapide du radium se déposent au cours de l'opération, mais au bout de quelques heures ils auront disparu et l'on aura du polonium pur.

([1]) MEITNER, *Phys. Zeitschr.*, t. 12, 1911, p. 1094.

70. — Séparation de l'actinium X.

Pour extraire l'actinium X d'une préparation d'actinium, on
dissout celle-ci dans la plus petite quantité possible d'acide
chlorhydrique, on porte le volume de la solution à 20^{cm^3} environ, et l'on précipite l'actinium par un excès d'ammoniaque
pure; l'actinium X reste en solution. Il importe que l'ammoniaque ne renferme pas de carbonate, car les sels d'actinium
sont solubles dans le carbonate d'ammonium. Pour assurer la
précipitation complète de l'actinium, on fait bouillir la solution
pendant une demi-heure environ, puis on l'abandonne à elle-
même pendant une demi-journée. On recueille l'actinium sur
un filtre, et l'on évapore la solution à siccité pour en chasser
le chlorure d'ammonium. Le résidu minime que l'on obtient
renferme l'actinium X. La séparation est pratiquement quan-
titative.

71. — Séparation du radioactinium.

Il est difficile d'extraire quantitativement le radioactinium
d'une solution d'actinium, Mais on peut obtenir des préparations de radioactinium d'une grande activité par les méthodes
suivantes (¹) :

1° On dissout la préparation d'actinium dans l'acide chlorhydrique, et l'on sépare l'actinium X de la manière indiquée
au paragraphe 70. Le radioactinium reste dans l'actinium
précipité, que l'on redissout dans une très petite quantité
d'acide chlorhydrique concentré et chaud. On amène ensuite
la solution au volume de 20^{cm^3} environ, on y ajoute une goutte
d'une solution de thiosulfate de sodium, et on la fait bouillir
pour précipiter le soufre à un état de fine division. Le radioactinium se précipite avec le soufre, avec lequel on le recueille
sur un filtre. On brûle le soufre et le filtre, et il reste une

---

(¹) HAHN, *Phys. Zeitschr.*, t. 7, 1906, p. 855.

petite quantité d'une matière très active qui contient le radioactinium exempt d'actinium et d'actinium X.

2° Une autre méthode de séparation repose sur la précipitation fractionnée par l'ammoniaque. Au lieu de précipiter
tout l'actinium que renferme la solution, on n'en précipite
qu'une partie. Le précipité contient un excès de radioactinium.

On recueille le précipité sur un filtre, on le redissout dans
l'acide chlorhydrique et on le reprécipite partiellement par
l'ammoniaque. En répétant plusieurs fois cette opération, on
obtient finalement un précipité très peu abondant qui renferme
du radioactinium presque exempt d'actinium et d'actinium X.

72. — Séparation de l'actinium C.

On isole l'actinium C par une méthode semblable à celle
dont on se sert pour séparer le radium C (§ 67). On recueille
d'abord le dépôt actif sur une surface de platine en exposant
celle-ci de la manière ordinaire à l'émanation dans un champ
électrique. On retire la lame de platine et on la plonge dans
de l'acide chlorhydrique bouillant, qui dissout le dépôt actif.
Puis on neutralise partiellement la solution; lorsqu'elle n'est
plus que légèrement acide, on y introduit une lame de nickel,
sur laquelle l'actinium C se dépose. Au bout d'une ou deux
minutes, on enlève la lame et on la lave à l'eau. Elle ne garde
son activité que peu de temps, car l'actinium C décroît de
moitié en 2,15 minutes.

73. — Séparation simultanée du thorium X et du mésothorium.

Il est impossible de séparer le radiothorium du thorium et
le mésothorium du thorium X, mais il est facile de séparer
les deux premières de ces substances des deux dernières. On
peut extraire le thorium X soit de sels de thorium, soit des
préparations de radiothorium qu'on trouve dans le commerce.
Le radiothorium contenu dans ces préparations est obtenu

par la désintégration du mésothorium séparé du thorium;
c'est la seule manière d'obtenir du radiothorium exempt de
thorium.

Pour séparer le thorium X du thorium, on dissout dans
l'eau quelques grammes de nitrate de thorium et l'on amène
la solution au volume de 100^{cm^3} environ. On ajoute ensuite de
l'ammoniaque en excès à la solution chaude, et l'on précipite
ainsi le thorium à l'état d'hydrate. Le thorium X et le mésothorium restent en solution, tandis que le radiothorium se
précipite avec le thorium. On filtre, puis on évapore la liqueur
à siccité pour en chasser les sels d'ammonium. Le résidu
contient le thorium X ainsi que le mésothorium qui pouvait
se trouver primitivement dans le sel de thorium.

Si l'on opère sur 1^g de nitrate de thorium, l'activité du thorium X que l'on isolera sera suffisante pour produire une
ionisation considérable dans un électroscope à rayons α. L'activité α du thorium X décroîtra avec une période de 3,7 jours.
Mais s'il contient du mésothorium, l'activité finira par augmenter de nouveau lentement à cause de la formation de
radiothorium et de ses produits.

Par suite de la brièveté de sa période, le thorium X se
trouve toujours en quantité proportionnelle à la quantité de
radiothorium que renferme la préparation. En conséquence,
pour obtenir de grandes quantités de thorium X, il est avan-
tageux de tirer cet élément de préparations concentrées de
radiothorium. On peut l'en extraire par le procédé décrit plus
haut.

Dans les sels de thorium, la quantité de thorium X présente
dépend du temps qui s'est écoulé depuis qu'on les a préparés
au moyen du minéral. Car au cours de la préparation du sel
de thorium et dans toutes les séparations de thorium X que
l'on peut faire ensuite, tout le mésothorium présent se sépare
avec cet élément. En raison de l'absence du mésothorium, son
générateur, la quantité de radiothorium diminuera, de même
que la quantité de thorium X correspondant à l'équilibre. Si
l'on fait des précipitations fréquentes pendant plusieurs
années, le radiothorium primitivement présent se sera com-

plètement détruit sans se régénérer. La solution cessera alors
de donner du thorium X.

74. — Séparation du thorium B. Séparation du thorium C.

Pour obtenir le thorium C, on recueille sur une feuille de
platine le dépôt actif du thorium, puis on le dissout dans
l'acide chlorhydrique. On provoque ensuite le dépôt du thorium C sur une lame de nickel par la même méthode qu'on
emploie pour séparer le radium C et l'actinium C (§ 67 et 72).
Le thorium B et le thorium D restent en solution.

Pour obtenir du thorium B pur sur une lame, on commence
par éliminer le thorium C de la solution par la méthode de
von Lerch; aussitôt après, on électrolyse la solution chaude
pendant quelques minutes, en se servant d'une cathode de
platine. La densité du courant doit être de 1 milliampère
environ par centimètre carré.

75. — Extraction de l'émanation d'une solution de radium.

Il y a souvent avantage à employer comme source de rayonnement de l'émanation de radium au lieu du radium lui-
même; car la matière radioactive est alors en quantité si faible
que l'absorption par cette matière des particules α elles-mêmes
est négligeable; en outre, on évite ainsi les pertes accidentelles de radium qui peuvent se produire au cours des manipulations.

Il convient, même lorsqu'il s'agit de petites quantités, de
conserver le radium en solution, de façon à pouvoir en extraire
l'émanation au moment où l'on en a besoin. L'émanation produite se trouve mélangée à d'autres gaz, de sorte que, dans bien
des cas, il est nécessaire de la purifier. La séparation de
l'émanation du radium et sa purification peuvent être effectuées par des méthodes dues à Rutherford (¹). Pour séparer
l'émanation, il faut maintenir le radium en solution au moyen

---

(¹) Rutherford, *Phil. Mag.*, t. 16, 1908, p. 300.

d'une forte proportion d'acide chlorhydrique, comme nous l'avons expliqué au paragraphe 44. On introduit la solution, dont le volume doit être d'environ 50$^{cm^3}$, dans un ballon A (*fig.* 58)

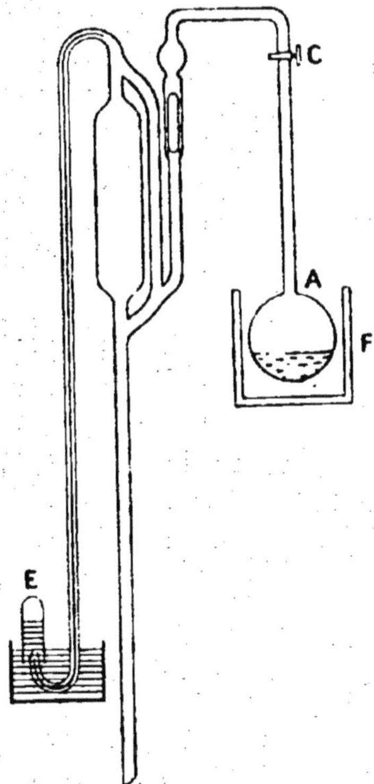

Fig. 58.

d'environ 100$^{cm^3}$ monté dans un vase solide en verre F, qui recueillerait la solution au cas où le ballon viendrait à se briser. Lorsqu'on opère sur des solutions fortes, on entoure ce vase d'une feuille épaisse de plomb destinée à arrêter les rayons γ, qui autrement pourraient vicier les mesures de radioactivité que l'on ferait dans des pièces voisines.

Le ballon A est muni d'un long col aboutissant au robinet C, et se trouve en communication permanente avec une pompe Tœpler, qui sert à faire le vide dans tout l'appareil. Quand la pression est suffisamment réduite, la solution de radium se met à bouillir et à expulser l'émanation, qui se rend dans la pompe avec les autres gaz, et qu'on fait ensuite passer avec eux, à l'aide de la pompe, dans le tube E. Quand le ballon A est purgé de ses différents gaz, on ferme le robinet C et l'on abandonne la solution à elle-même pour qu'il s'y produise de nouveau de l'émanation. Au bout de quatre jours, la moitié de la quantité correspondant à l'équilibre s'y sera accumulée. Bien qu'il ait été vidé précédemment, l'espace qui se trouve au-dessus de la solution de radium contiendra une certaine quantité de gaz outre l'émanation; car, sous l'influence du rayonnement, l'eau se décompose, il se dégage de l'oxygène et de l'hydrogène, qui concourent à expulser l'émanation du ballon A et à la faire passer dans la pompe. La quantité de gaz accumulée dépend de la quantité de radium en jeu et du temps pendant lequel la solution a été abandonnée à elle-même. Une solution contenant 1^{mg} de radium donne environ $0^{cm^3},01$ de gaz par jour.

Une fois que les gaz se trouvent dans la pompe, on les fait passer dans le tube E, et l'on continue à pomper jusqu'à ce qu'ils soient complètement éliminés du ballon. Ce résultat obtenu, la solution se met à bouillir doucement par suite de la diminution de la pression; on ferme alors le robinet C. On ne doit pas laisser d'émanation dans la pompe; car, en sa présence, le mercure s'oxyde et le verre ne tarde pas à se colorer. On maintient la pompe sèche au moyen de pentoxyde de phosphore contenu dans un tube latéral.

Les gaz que la pompe a extraits de la solution de radium sont en majeure partie de l'oxygène et de l'hydrogène provenant de la décomposition de l'eau de la solution. Mais ordinairement il y a, en outre, une quantité appréciable d'anhydride carbonique produit par l'action de l'émanation sur la graisse employée pour lubrifier les robinets. On peut séparer l'émanation d'avec ces gaz de la façon suivante :

On fait passer les gaz, par le tube capillaire K, du tube E dans le réservoir R, qui contient du mercure (*fig.* 59). Puis, pour éliminer l'oxygène et l'hydrogène, on ferme le robinet à trois voies D et l'on diminue la pression à l'intérieur du réservoir en faisant descendre le mercure. On fait ensuite éclater une étincelle entre les deux électrodes A et B à l'aide d'une bobine d'induction. L'oxygène et l'hydrogène se combinent,

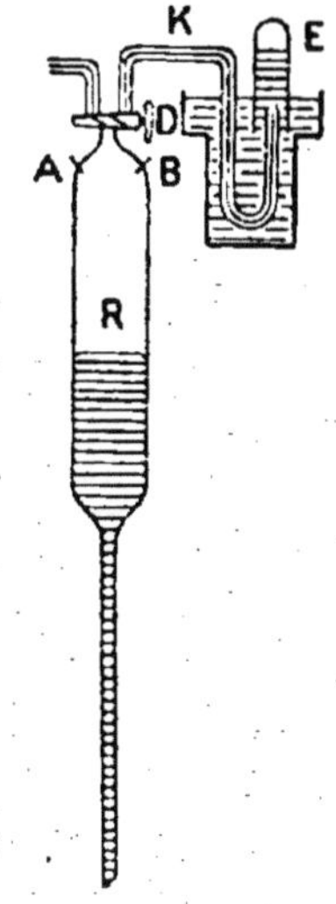

Fig. 59.

et par là le volume des gaz diminue généralement des quatre cinquièmes.

Afin de purifier davantage l'émanation, on expose pendant quelques heures les gaz restants à l'action de la potasse caustique, qui fixe l'anhydride carbonique et la vapeur d'eau. Pour faire cette opération, on recouvre un petit tube de verre d'une mince pellicule de potasse obtenue en mettant un petit morceau de potasse dans le tube et en le faisant fondre à une chaleur douce. Puis on remplit le tube de mercure et on le renverse dans une cuve contenant du mercure ; on y introduit ensuite l'émanation.

Pour pousser la purification plus loin encore, on condense l'émanation en la faisant passer par un tube plongé dans de l'air liquide. Quand elle est complètement condensée, on enlève les gaz restants à l'aide d'une pompe. On peut effectuer la condensation au moyen de l'appareil reproduit dans la figure 60. On introduit les gaz dans le récipient à gaz B par le tube

capillaire A, puis dans l'appareil par le robinet à trois voies H,
les robinets D et E étant fermés. On plonge le tube en U étroit C
dans de l'air liquide pour condenser l'émanation. On introduit
lentement les gaz dans le tube en U en faisant monter le mer-

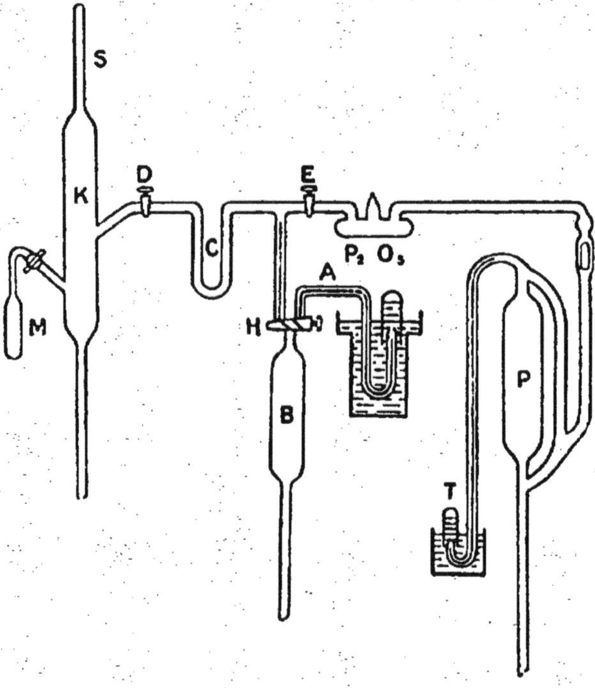

Fig. 60.

cure en B, puis on les ramène par aspiration dans le récipient
à gaz. Après qu'on a répété plusieurs fois cette opération,
l'émanation est presque [complètement condensée, comme
l'indique la phosphorescence des parois du tube en U. Ordinairement la condensation est complète au bout de quelques minutes. Il est bon de condenser d'abord l'émanation près du
fond du tube en U et d'élever ensuite le niveau de l'air liquide.
On aspire les gaz non condensés en abaissant le niveau du
mercure en B; ou bien on ferme le robinet H et l'on élimine les
gaz par le robinet E à l'aide de la pompe Tœpler. Comme il
entre invariablement dans la pompe des traces d'émanation,

il est essentiel que les gaz non condensés ne pénètrent pas
dans la pièce, mais soient recueillis dans le tube T. On peut
introduire l'émanation purifiée dans n'importe quel appareil
en la faisant passer par le réservoir K, où l'on a fait au préalable un vide parfait à l'aide de la pompe Tœpler et de l'am-
poule H, qui contient du charbon de bois plongé dans de l'air
liquide. On ferme les robinets E et H, et on enlève l'air liquide
qui entoure le tube en U. On ouvre le robinet D, et on laisse
l'émanation passer dans K. Comme la capacité du réservoir K
est grande par rapport à celle du tube en U, la plus grande
partie de l'émanation passe aussitôt dans K. Pour éliminer du
tube en U toute trace d'émanation, on condense ce gaz en
appliquant sur la paroi extérieure du tube de verre K un tampon de coton trempé dans de l'air liquide. Quand on a enlevé
du tube en U toute l'émanation, on ferme le robinet D. En
élevant le niveau du mercure, on fait finalement passer l'émanation de K dans le tube S, que l'on scelle ensuite au chalumeau.

Quand l'émanation est parfaitement pure, 1 curie de ce gaz
occupe $0^{mm^3},58$. On constate que l'émanation obtenue à la fin
des opérations de purification que nous venons de décrire est
d'une pureté de 30 pour 100 à 50 pour 100 environ, ce qui suffit
dans la plupart des cas. Si l'on a besoin d'émanation parfaitement pure, il faut exécuter toutes les manipulations avec un
soin extrême. En particulier, on doit lubrifier tous les robinets
avec du pentoxyde de phosphore, la graisse donnant naissance
à de l'anhydride carbonique.

On varie la construction du tube S suivant les conditions de
l'expérience où il doit être employé. S'il doit servir de source
intense de rayonnement α, on peut le faire au moyen d'un
tube de verre à paroi épaisse, que l'on étire de manière à
lui donner une forme conique telle que celle qui est représentée dans la figure 61. On rode l'extrémité du tube et on la
ferme en y fixant, avec de la cire à cacheter, une feuille mince
de mica M. Si le diamètre intérieur du tube n'est pas supérieur
à 3^{mm} à l'extrémité où est fixé le mica, une feuille de mica
équivalente pour le pouvoir d'arrêt à 1^{cm} d'air seulement sup-

portera une pression de 1^{atm}, et l'on pourra par conséquent
faire le vide dans le tube sans crainte de le voir se briser. Mais
il faut avoir soin d'employer aussi peu de cire à cacheter que
possible dans la construction d'un pareil tube, car l'émanation

Fig. 61.

la décompose peu à peu, d'où une production de gaz qui peut
finir par accroître suffisamment la pression à l'intérieur du
tube pour que la fenêtre de mica se brise.

On évite l'emploi de la cire en se servant de *tubes à
rayons* α faits d'un verre si mince que les rayons α peuvent
en traverser les parois sans que leur parcours s'en trouve
beaucoup réduit. La fabrication de tubes de ce genre demande
une grande habileté. On fixe par un bouchon un tube de verre
mince à l'intérieur d'un tube en verre dur de 1^{cm} de diamètre
environ. Puis on chauffe au chalumeau le tube extérieur de
façon à amollir peu à peu le tube intérieur. En étirant délica-
tement le tube intérieur, on peut l'amener à être assez mince
pour que le pouvoir d'arrêt de ses parois corresponde à celui
de 1^{cm} d'air environ. Si le diamètre de ce tube ne dépasse pas
1^{mm}, on peut y faire le vide sans avoir à craindre qu'il ne se
brise. Rutherford a été le premier à faire usage de pareils
tubes, qui avaient été construits par Baumbach; ils lui ont
servi à identifier la particule α avec l'hélium.

Lorsqu'on se sert de grandes quantités d'émanation, il faut
manier les tubes à rayons α avec beaucoup de précaution, car
ils constituent une source de rayonnement très puissante, et,
si on les tient trop longtemps dans la main, ils peuvent produire des *brûlures* très difficiles à guérir. Dans toutes les
manipulations que l'on a à faire pour extraire l'émanation du
radium et pour en remplir des tubes, il importe de prendre des
précautions afin d'éviter autant que possible qu'il ne s'en
échappe; car elle se diffuse de tous côtés et peut contaminer

les électroscopes dans tout le laboratoire. Il convient de réser-
ver une pièce, de préférence dans le haut du bâtiment, pour
la séparation de l'émanation d'avec le radium. Au cas où de
l'émanation viendrait à s'échapper, il faudrait aussitôt ouvrir
les fenêtres. Il est bon de ne pas faire de mesures au moyen
d'un électroscope immédiatement après y avoir introduit de
l'émanation, car il est difficile d'éviter que vos mains et vos
vêtements ne deviennent légèrement actifs au cours de cette
opération.

APPENDICE I.

TABLE DE CONSTANTES RADIOACTIVES.

Charge portée par 1 atome d'hydrogène : 4.65×10^{-10} unité E. S. $= 1,55 \times 10^{-20}$ unité E. M.

Charge portée par une particule α : $9,3 \times 10^{-10}$ unité E. S. $= 3,1 \times 10^{-20}$ unité E. M.

Masse de l'atome d'hydrogène : $1,61 \times 10^{-24}$ gramme.

Nombre d'atomes contenus dans 1^g d'hydrogène : $6,2 \times 10^{23}$.

Nombre de molécules par centimètre cube d'un gaz quelconque à la température et à la pression normales : $2,72 \times 10^{19}$.

Nombre de particules α expulsées par seconde par 1 gramme de radium (sans ses produits de désintégration) : $3,4 \times 10^{10}$.

Nombre de particules α expulsées par seconde par 1 gramme d'uranium : $2,37 \times 10^{4}$.

Nombre de particules α expulsées par seconde par 1 gramme de thorium en équilibre avec ses produits de désintégration : $2,7 \times 10^{4}$.

Volume de l'émanation en équilibre avec 1^g de radium : $0,585^{mm^3}$.

Production annuelle d'hélium par gramme de radium en équilibre avec ses produits de désintégration : 158^{mm^3}.

Effet calorifique de 1^g de radium (y compris ses produits de désintégration) : 132 calories grammes par heure.

Énergie nécessaire pour produire un couple d'ions : $5,2 \times 10^{-11}$ erg.

$\dfrac{e}{m}$ pour les rayons β mous : $5,595 \times 10^{17}$ unités E. S. $= 1,865 \times 10^{7}$ unités E. M.

$\frac{e}{m}$ pour les rayons α : $1,52 \times 10^{14}$ unités E. S. $= 5,07 \times 10^{3}$ unités E. M.

Parcours des particules α.

Substance.	Parcours dans l'air à la pression normale		Vitesse initiale en cm : s.	Nombre total d'ions produits.
	0° C.	15° C.		
	cm	cm		
Uranium 1....................	2,37	2,50	$1,47 \times 10^{9}$	$1,26 \times 10^{5}$
Uranium 2....................	2,75	2,90	1,54	1,37
Ionium......................	2,85	3,00	1,56	1,41
Radium......................	3,13	3,36	1,61	1,50
Émanation du radium.....	3,94	4,16	1,74	1,73
Radium A...................	4,50	4,75	1,82	1,88
Radium C...................	6,57	6,94	2,06	2,37
Radium F...................	3,58	3,77	1,68	1,64
Thorium.....................	2,58	2,72	1,51	1,32
Radiothorium...............	3,67	3,87	1,70	1,66
Thorium X..................	4,08	4,30	1,75	1,77
Émanation du thorium.....	4,74	5,00	1,85	1,93
Thorium A..................	5,40	5,70	1,93	2,10
Thorium C_1...............	4,55	4,80	1,82	1,89
Thorium C_2...............	8,16	8,60	2,21	2,74
Radioactinium..............	4,36	4,60	1,80	1,84
Actinium X.................	4,17	4,40	1,77	1,79
Émanation de l'actinium..	5,40	5,70	1,93	2,10
Actinium A	6,16	6,50	2,02	2,27
Actinium C.................	5,12	5,40	1,89	2,02

Série de l'uranium et du radium.

Substance.	Radiation.	Période de demi-valeur.	Constante de transformation sec^{-1}.	Parcours des rayons α en cm (15° C.).	Rayons β. Alum. cm^{-1}.	Rayons γ. Plomb cm^{-1}.
					Coefficients d'absorption.	
Uranium 1	α	5×10^9 années	$4,6 \times 10^{-18}$	2,50		
Uranium 2	α	2×10^6 années	$1,1 \times 10^{-14}$	2,90		
Uranium X..............	β, γ	24,6 jours	$3,26 \times 10^{-7}$		14,4 et 510	0,72
(Uranium Y)........	β	1,5 jour	$5,34 \times 10^{-6}$		360	
Ionium................	α	2×10^5 années	$1,1 \times 10^{-13}$	3,00		
Radium................	α, β	2000 années	$1,1 \times 10^{-11}$	3,30	200	
Émanation du radium...	α	3,85 jours	$2,085 \times 10^{-6}$	4,16		
Radium A..............	α	3,0 min.	$3,85 \times 10^{-3}$	4,75		
Radium B..............	β, γ	26,7 min.	$4,33 \times 10^{-4}$		13 et 91	4-6
Radium C$_1$	α, β, γ	19,5 min.	$5,93 \times 10^{-4}$	6,94	13 et 53	0,50
(Radium C$_2$)............	β	1,4 min.	$8,25 \times 10^{-3}$		13	
Radium D..............	β	16,5 années	1.33×10^{-9}		très mous	
Radium E..............	β, γ	5 jours	$1,60 \times 10^{-6}$		43	très mous
Radium F (Polonium)...	α	136 jours	$5,90 \times 10^{-8}$	3,77		

(Les substances entre parenthèses n'appartiennent pas à la ligne directe de transformations.)

Série du thorium.

Substance.	Radiation.	Période de demi-valeur.	Constante de transformation sec^{-1}.	Parcours des rayons α en cm (15° C.).	Coefficients d'absorption. Rayons β. Alum. cm^{-1}.	Rayons γ. Plomb cm^{-1}.
Thorium................	α	$1,3 \times 10$ années	$1,68 \times 10^{-19}$	$2,72$		
Mésothorium 1..........	dépourvu de rayons	$5,5$ années	$4,00 \times 10^{9}$			
Mésothorium 2..........	β, γ	$6,2$ heures	$3,11 \times 10^{-5}$		$20,2\text{-}38,5$	$0,62$
Radiothorium..........	α	737 jours	$1,09 \times 10^{-8}$	$3,87$		
Thorium X.............	α	$3,7$ jours	$2,1 \times 10^{-6}$	$4,30$		
Émanation du thorium...	α	53 sec.	$1,31 \times 10^{-2}$	$5,00$		
Thorium A.............	α	$0,14$ sec.	$4,95$	$5,70$		
Thorium B.............	β	$10,6$ heures	$1,82 \times 10^{-5}$		110	
Thorium C$_1$..........	α, β	60 min.	$1,93 \times 10^{-4}$	$4,80$	$13,5$	
(Thorium C$_2$).........	α	très courte		$8,60$		
Thorium D.............	β, γ	$3,1$ min.	$3,73 \times 10^{3}$		$21,5$	$0,16$

(Le thorium C$_2$ n'appartient pas à la ligne directe de transformations.)

Série de l'actinium.

Substance.	Radiation.	Période de demi-valeur.	Constante de transformation sec^{-1}.	Parcours des rayons α en cm (15° C.).	Coefficients d'absorption. Rayons β. Alum. cm^{-1}.	Rayons γ. Plomb cm^{-1}.
Actinium..............	dépourvu de rayons	inconnue				
Radioactinium.........	α, β	$19,5$ jours	$4,1 \times 10^{-7}$	$4,60$	très mous	
Actinium X............	α, β	$10,5$ jours	$7,6 \times 10^{-7}$	$4,40$	très mous	
Émanation de l'actinium.	α	$3,9$ sec.	$1,8 \times 10^{-1}$	$5,70$		
Actinium A............	α	$0,002$ sec.	350	$6,50$		
Actinium B............	β	$36,3$ min.	$3,18 \times 10^{-4}$		très mous	
Actinium C............	α	$2,15$ min.	$5,37 \times 10^{-3}$	$5,40$		
Actinium D............	β, γ	$4,71$ min.	$2,15 \times 10^{-3}$		$28,5$	$1,85\text{-}4\ 24$

APPENDICE II.

Destruction de l'émanation du radium.

$$T_1 = 3,85 \text{ jours}, \qquad \lambda_1 = 2,085 \times 10^{-6} \text{ sec}^{-1}.$$

Temps en jours et en heures.	Activité.	Temps en jours et en heures.	Activité.
j h		j h	
0. 0	100,0	3. 9	54,5
3	97,8	12	53,3
6	95,6	15	52,1
9	93,5	18	50,9
12	91,4	21	49,8
15	89,4	4. 0	48,7
18	87,4	3	47,6
21	85,4	6	46,5
1. 0	83,5	9	45,5
3	81,7	12	44,5
6	79,9	15	43,5
9	78,1	18	42,5
12	76,3	21	41,6
15	74,6	5. 0	40,6
18	73,0	3	39,7
21	71,4	6	38,9
2. 0	69,8	9	38,0
3	68,2	12	37,2
6	66,7	15	36,3
9	65,2	18	35,5
12	63,7	21	34,7
15	62,3	6. 0	33,9
18	61,0	3	33,2
21	59,6	6	32,5
3. 0	58,3	9	31,7
3	57,0	12	31,0
6	55,7	15	30,3

Temps en jours et en heures.	Activité.	Temps en jours et en heures.	Activité.
j h		h	
6.18	29,7	13. 0	9,63
21	29,0	13. 5	8,80
7. 0	28,4	14. 0	8,04
3	27,7	15	6,72
6	27,1	16	5,61
9	26,5	17	4,68
12	25,9	18	3,91
15	25,3	19	3,27
18	24,8	20	2,73
21	24,2	21	2,28
8 0	23,7	22	1,90
8. 5	21,7	23	1,59
9. 0	19,8	24	1,33
9. 5	18,1	25	1,11
10. 0	16,6	26	0,927
10. 5	15,1	27	0,774
11. 0	13,8	28	0,647
11. 5	12,6	29	0,540
12. 0	11,5	30	0,451
12. 5	10,5		

Destruction du dépôt actif du radium.

Pour le radium A : $T_2 = 3$ minutes, $\lambda_2 = 3{,}85 \times 10^{-3}$ sec^{-1};

»   B : $T_3 = 26{,}7$ » , $\lambda_3 = 4{,}33 \times 10^{-4}$ sec^{-1};

»   C : $T_4 = 19{,}5$ » , $\lambda_4 = 5{,}93 \times 10^{-4}$ sec^{-1}.

Temps en minutes.	Radium A seul.	Radium B seul.	Radium C seul.	Activité mesurée par les rayons du radium C (exposition prolongée à l'émanation).
0	100	100	100	100
1	79,37	97,43	96,51	99,97
2	63,00	94,93	93,13	99,95
3	50,00	92,50	89,88	99,89
4	39,69	90,12	86,74	99,78

Temps en minutes.	Radium A seul.	Radium B seul.	Radium C seul.	Activité mesurée par les rayons du radium C (exposition prolongée à l'émanation).
5	31,50	87,81	83,70	99,63
6	25,00	85,56	80,78	99,42
7	19,84	83,36	77,96	99,2
8	15,75	81,22	75,23	98,8
9	12,50	79,14	72,60	98,5
10	9,92	77,11	70,06	98,1
11	7,88	75,13	67,62	97,6
12	6,25	73,20	65,25	97,0
13	4,96	71,32	62,97	96,5
14	3,94	69,49	60,77	95,8
15	3,12	67,71	58,65	95,1
16	2,48	65,97	56,60	94,4
17	1,97	64,28	54,62	93,7
18	1,56	62,63	52,71	92,9
19	1,24	61,02	50,87	92,1
20	0,99	59,46	49,09	91,2
21	0,78	57,93	47,37	90,3
22	0,62	56,44	45,72	89,4
23	0,49	55,00	44,12	88,5
24	0,39	53,58	42,58	87,5
25	0,31	52,21	41,09	86,5
26	0,25	50,87	39,65	85,5
27	0,20	49,57	38,27	84,5
28	0,16	48,29	36,93	83,5
29	0,12	47,05	35,64	82,4
30	0,10	45,85	34,89	81,3
31	"	44,67	33,19	80,3
32	"	43,52	32,03	79,3
33	"	42,40	30,91	78,2
34	"	41,32	29,83	77,1
35	"	40,26	28,79	76,0
36	"	39,23	27,78	74,9
37	"	38,22	26,81	73,8
38	"	37,24	25,88	72,7
39	"	36,28	24,97	71,6
40	"	35,34	24,10	70,5

Temps en minutes.	Radium A seul.	Radium B seul.	Radium C seul.	Activité mesurée par les rayons du radium C (exposition prolongée à l'émanation).
41......	"	34,44	23,26	69,4
42......	"	33,56	22,44	68,3
43......	"	32,70	21,66	67,3
44......	"	31,86	20,90	66,2
45......	"	31,04	20,17	65,1
46......	"	30,24	19,47	64,0
47......	"	29,47	18,79	63,0
48.....	"	28,71	18,13	62,0
49......	"	27,98	17,50	60,9
50......	"	27,26	16,88	59,8
51......	"	26,56	16,29	58,8
52......	"	25,88	15,73	57,8
53......	"	25,21	15,18	56,8
54......	"	24,57	14,65	55,8
55......	"	23,94	14,13	54,8
56......	"	23,32	13,64	53,8
57......	"	22,72	13,16	52,8
58......	"	22,14	12,70	51,8
59......	"	21,57	12,26	50,9
60......	"	21,02	11,83	49,9
61......	"	20,48	11,42	48,9
62......	"	19,95	11,02	48,0
63......	"	19,44	10,63	47,1
64......	"	18,94	10,26	46,3
65......	"	18,46	9,90	45,4
66......	"	17,98	9,56	44,5
67......	"	17,52	9,22	43,7
68......	"	17,07	8,90	42,8
69......	"	16,63	8,59	42,0
70......	"	16,21	8,29	41,1
71......	"	15,79	8,00	40,3
72......	"	15,39	7,72	39,5
73......	"	14,99	7,45	38,7
74......	"	14,61	7,19	38,0
75......	"	14,23	6,94	37,3
76......	"	13,87	6,69	36,5

APPENDICE II.

Temps en minutes.	Radium A seul.	Radium B seul.	Radium C seul.	Activité mesurée par les rayons du radium C (exposition prolongée à l'émanation).
77	"	13,51	6,46	35,8
78	"	13,16	6,24	35,0
79	"	12,83	6,02	34.3
80	"	12,50	5,81	33.6
81	"	12,18	5,60	32,9
82	"	11,86	5,41	32,2
83	"	11,56	5,22	31,6
84	"	11,26	5,04	30,9
85	"	10,97	4,86	30,3
86	"	10,69	4,69	29,7
87	"	10,42	4,53	29,0
88	"	10,15	4,37	28,4
89	"	9,89	4,22	27,8
90	"	9,64	4,07	27,2
91	"	9,39	3,93	26,6
92	"	9,15	3,79	26,1
93	"	8,91	3,66	25,6
94	"	8,68	3,53	25,0
95	"	8,46	3,41	24,4
96	"	8,24	3,29	23,9
97	"	8,03	3,17	23,4
98	"	7,83	3,06	22,9
99	"	7,63	2,95	22,4
100	"	7,43	2,85	21,9
101	"	7,24	2,75	21,4
102	"	7,05	2,66	21,0
103	"	6,87	2,55	20,5
104	"	6,69	2,47	20,1
105	"	6,52	2,39	19,6
106	"	6,35	2,30	19,2
107	"	6,19	2,22	18,8
108	"	6,03	2,14	18,4
109	"	5,88	2,07	17,9
110	"	5,73	2,00	17,5
111	"	5,58	1,93	17,1
112	"	5,44	1,86	16,7

Temps en minutes.	Radium A seul.	Radium B seul.	Radium C seul.	Activité mesurée par les rayons du radium C (exposition prolongée à l'émanation).
113......	//	5,30	1,79	16,4
114......	//	5,16	1,73	16,0
115......	//	5,03	1,67	15,7
116......	//	4,90	1,61	15,3
117......	//	4,77	1,55	14,9
118......	//	4,65	1,50	14,6
119......	//	4,53	1,45	14,3
120......	//	4,42	1,40	14,0
121......	//	4,30	1,35	13,6
122......	//	4,20	1,30	13,4
123......	//	4,09	1,26	13,1
124......	//	3,98	1,22	12,7
125......	//	3,88	1,17	12,4
126......	//	3,78	1,13	12,1
127......	//	3,68	1,09	11,9
128......	//	3,59	1,05	11,6
129......	//	3,50	1,02	11,4
130......	//	3,41	0,98	11,1
131......	//	3,32	0,95	10,9
132......	//	3,23	0,92	10,6
133......	//	3,15	0,88	10,3
134......	//	3,07	0,85	10,1
135......	//	2,99	0,82	9,9
136......	//	2,91	0,79	9,6
137......	//	2,84	0,76	9,3
138......	//	2,77	0,74	9,2
139......	//	2,70	0,71	9,0
140......	//	2,63	0,69	8,8
141......	//	2,56	0,66	8,6
142......	//	2,49	0,64	8,4
143......	//	2,43	0,62	8,2
144......	//	2,37	0,60	8,0
145......	//	2,31	0,57	7,8
146......	//	2,25	0,55	7,6
147......	//	2,19	0,53	7,4
148......	//	2,13	0,52	7,2

Temps en minutes.	Radium A seul.	Radium B seul.	Radium C seul.	Activité mesurée par les rayons du radium C (exposition prolongée à l'émanation).
149......	"	2,08	0,50	7,1
150......	"	2,02	0,48	6,9
151......	"	1,97	0,46	6,7
152......	"	1,92	0,45	6,6
153......	"	1,87	0,43	6,4
154......	"	1,82	0,42	6,3
155......	"	1,78	0,40	6,1
156......	"	1,73	0,39	6,0
157......	"	1,69	0,38	5,9
158......	"	1,64	0,36	5,7
159......	"	1,60	0,35	5,6
160......	"	1,56	0,34	5,4
161......	"	1,52	0,33	5,3
162......	"	1,48	0,32	5,2
163......	"	1,44	0,31	5,1
164......	"	1,41	0,29	4,9
165......	"	1,37	0,28	4,8
166......	"	1,34	0,27	4,7
167......	"	1,30	0,26	4,6
168......	"	1,27	0,25	4,5
169......	"	1,23	0,24	4,4
170......	"	1,20	0,24	4,3
171......	"	1,17	0,23	4,2
172......	"	1,14	0,22	4,1
173......	"	1,11	0,21	4,0
174......	"	1,09	0,20	3,9
175......	"	1,06	0,20	3,8
176......	"	1,03	0,19	3,7
177......	"	1,00	0,19	3,6
178......	"	0,98	0,18	3,5
179......	"	0,95	0,17	3,4
180......	"	0,93	0,16	3,3

Les données suivantes seront utiles pour calculer les courbes de destruction et de régénération. Les constantes λ_1. λ_2. λ_3. λ_4

se rapportent respectivement à l'émanation, au radium A, au radium B et au radium C.

$$\log\lambda_1 = \bar{6},3191061, \qquad\qquad \log\lambda_2 = \bar{3},5854607.$$
$$\log\lambda_3 = \bar{4},6364879, \qquad\qquad \log\lambda_4 = \bar{4},7730547.$$
$$\log(\lambda_2-\lambda_1) = \bar{3},5852255, \qquad \log(\lambda_3-\lambda_1) = \bar{4},6343916.$$
$$\log(\lambda_4-\lambda_1) = \bar{4},7715250, \qquad \log(\lambda_2-\lambda_3) = \bar{3},5336450,$$
$$\log(\lambda_2-\lambda_4) = \bar{3},5128178, \qquad \log(\lambda_4-\lambda_3) = \bar{4},2041200.$$

Accroissement et décroissance de l'activité de l'émanation du radium pure dans différentes conditions.

Pour l'émanation : $T_1 = 3,85$ jours, $\lambda_1 = 2,08 \times 10^{-6}\,\text{sec}^{-1}$;
Pour le radium A : $T_2 = 3$ minutes, $\lambda_2 = 3,85 \times 10^{-3}\,\text{sec}^{-1}$;
»   B : $T_3 = 26,7$ minutes, $\lambda_3 = 4,33 \times 10^{-4}\,\text{sec}^{-1}$;
»   C : $T_4 = 19,5$ minutes, $\lambda_4 = 5,93 \times 10^{-4}\,\text{sec}^{-1}$.

I.	II.	III.	IV.	V.
0	0,0000	0,000	1,0000	1,000
2	0,000252	0,00143	0,9995	0,998
3	0,000801	0,00323	0,9989	0,997
4	0,001770	0,00570	0,9978	0,994
5	0,003239	0,00885	0,9963	0,991
6	0,005244	0,0126	0,9942	0,987
8	0,01097	0,0221	0,9884	0,978
10	0,01899	0,0338	0,9805	0,966
12	0,02925	0,04752	0,9703	0,952
14	0,04154	0,06299	0,9582	0,938
17	0,06343	0,08897	0,9368	0,911
20	0,08876	0,118	0,9120	0,884
25	0,1368	0,170	0,8650	0,833
30	0,1897	0,225	0,8134	0,779
40	0,3015	0,338	0,7046	0,669
50	0,4118	0,446	0,5985	0,566
60	0,5125	0,543	0,4987	0,469
70	0,6021	0,629	0,4112	0,385
90	0,7410	0,763	0,2719	0,253
120	0,8775	0,888	0,1396	0,129
150	0,9468	0,952	0,06913	0,0639

I.	II.	III.	IV.	V.
180........	0,9800	0,982	0,03347	0,0308
240........	0,9994	1,00	0,00752	0,00691
258........	1,000	1,00	0,00477	0,00438
270........			0,00352	

Nota. — I. Minutes. — II. Accroissement calculé du radium C provenant de l'émanation pure. — III. Accroissement calculé de l'ionisation par les rayons γ mesurée à travers 3^{mm} de plomb. — IV. Décroissance calculée du radium C après qu'il a été éloigné de l'émanation. — V. Décroissance calculée de l'ionisation par les rayons γ mesurée à travers 3^{mm} de plomb.

La colonne II indique les nombres d'atomes de radium C présents dans un récipient fermé à différents instants comptés à partir de celui où l'on y a introduit de l'émanation pure. La valeur maximum, qui est prise pour unité, apparaît après 258 minutes. Ces nombres sont calculés d'après l'équation

$$N_{II} = \frac{\lambda_2 \lambda_3 \lambda_4}{0,97213} \sum_{\lambda=1,2,3,4} \frac{e^{-\lambda_1 t}}{(\lambda_2 - \lambda_1)(\lambda_3 - \lambda_1)(\lambda_4 - \lambda_1)}.$$

Cette équation représente la variation de l'activité mesurée à travers 2^{cm},3 de plomb.

La colonne III indique l'ionisation à différents instants, après l'introduction d'émanation pure, dans l'hypothèse que, quand le radium B et le radium C sont en équilibre radioactif, le premier de ces éléments produit 11,5 pour 100 de l'ionisation et le second 88,5 pour 100. Les nombres sont calculés au moyen de l'équation

$$N_{III} = \frac{0,115}{0,97213} \lambda_2 \lambda_3 \sum_{\lambda=1,2,3} \frac{e^{-\lambda_1 t}}{(\lambda_2 - \lambda_1)(\lambda_3 - \lambda_1)}$$
$$+ \frac{0,885}{0,97213} \lambda_2 \lambda_3 \lambda_4 \sum_{\lambda=1,2,3,4} \frac{e^{-\lambda_1 t}}{(\lambda_2 - \lambda_1)(\lambda_3 - \lambda_1)(\lambda_4 - \lambda_1)}.$$

Cette équation donne l'activité mesurée à travers 3^{mm} de plomb.

La colonne IV indique les nombres d'atomes de radium C qui restent dans un récipient après qu'on en a complètement enlevé l'émanation, qui y a été enfermée longtemps. Ces nombres sont calculés d'après l'équation

$$N_{IV} = e^{-\lambda_1 t} - \frac{\lambda_2 \lambda_3 \lambda_4}{1,00891} \sum_{\lambda = 1,2,3,4} \frac{e^{-\lambda_i t}}{(\lambda_2 - \lambda_1)(\lambda_3 - \lambda_1)(\lambda_4 - \lambda_1)}.$$

Cette équation donne la décroissance de l'activité mesurée à travers $2^{cm},3$ de plomb.

La colonne V indique la décroissance de l'ionisation (calculée dans l'hypothèse qui a servi à calculer la colonne III) après qu'on a complètement enlevé d'un récipient de l'émanation qui y était restée longtemps enfermée.

$$N_V = e^{-\lambda_1 t} - \frac{0,115}{1,0085} \lambda_2 \lambda_3 \sum_{\lambda = 1,2,3} \frac{e^{-\lambda_i t}}{(\lambda_2 - \lambda_1)(\lambda_3 - \lambda_1)}$$
$$- \frac{0,885}{1,0085} \lambda_2 \lambda_3 \lambda_4 \sum_{\lambda = 1,2,3,4} \frac{e^{-\lambda_i t}}{(\lambda_2 - \lambda_1)(\lambda_3 - \lambda_1)(\lambda_4 - \lambda_1)}.$$

Cette équation donne la vitesse de destruction, mesurée à travers 3^{mm} de plomb, du dépôt actif du radium, complètement séparé de l'émanation.

Destruction du radium F (polonium).

$$T = 136 \text{ jours}; \quad \lambda = 0,005095 \text{ (jour)}^{-1}.$$

Temps.	$100\,e^{-\lambda t}$.	Temps.	$100\,e^{-\lambda t}$.
0	100	7 semaines	77,9
1 jour	99,49	8 »	75,2
2 »	98,99	9 »	72,5
3 »	98,48	10 »	70,0
4 »	97,98	11 »	67,5
5 »	97,48	12 »	65,2
6 »	96,99	13 »	62,9
1 semaine	96,49	26 »	39,4
2 »	93,1	39 »	24,9
3 »	89,8	1 année	15,6
4 »	86,7	2 »	2,4
5 »	83,7	3 »	0,38
6 »	80,8		

Destruction du dépôt actif de l'actinium mesurée au moyen des rayons de l'actinium C (exposition prolongée).

Pour l'actinium B : $T_1 = 36,3$ minutes, $\lambda_1 = 0,0191$ (min.)$^{-1}$;
Pour l'actinium C : $T_2 = 2,15$ minutes, $\lambda_2 = 0,322$ (min.)$^{-1}$;

Temps en minutes.	Activité.	Temps en minutes.	Activité.
0	100	32	57,7
1	99,7	33	56,6
2	99,0	34	55,5
3	98,0	35	54,5
4	96,7	36	53,4
5	95,4	37	52,4
6	93,9	38	51,4
7	92,3	39	50,5
8	90,8	40	49,5
9	89,2	41	48,6
10	87,6	42	47,7
11	86,0	43	46,8
12	84,4	44	45,9
13	82,8	45	45,0
14	81,3	46	44,1
15	79,8	47	43,3
16	78,3	48	42,5
17	76,8	49	41,7
18	75,4	50	40,9
19	73,9	51	40,1
20	72,5	52	39,4
21	71,2	53	38,6
22	69,8	54	37,9
23	68,5	55	37,2
24	67,2	56	36,5
25	65,9	57	35,8
26	64,7	58	35,1
27	63,5	59	34,4
28	62,3	60	33,8
29	61,1	61	33,1
30	59,9	62	32,5
31	58,8	63	31,9

Temps en minutes.	Activité.	Temps en minutes.	Activité.
64	31,3	103	14,9
65	30,7	104	14,6
66	30,1	105	14,3
67	29,6	106	14,0
68	29,0	107	13,8
69	28,5	108	13,5
70	27,9	109	13,3
71	27,4	110	13,0
72	26,9	111	12,8
73	26,4	112	12,5
74	25,9	113	12,3
75	25,4	114	12,0
76	24,9	115	11,8
77	24,4	116	11,6
78	24,0	117	11,4
79	23,5	118	11,2
80	23,1	119	10,9
81	22,6	120	10,7
82	22,2	125	9,74
83	21,8	130	8,85
84	21,4	135	8,05
85	21,0	140	7,31
86	20,6	145	6,65
87	20,2	150	6,04
88	19,8	155	5,49
89	19,4	160	4,99
90	19,0	165	4,54
91	18,7	170	4,12
92	18,3	180	3,41
93	18,0	190	2,81
94	17,7	200	2,32
95	17,3	220	1,59
96	17,0	240	1,08
97	16,7	250	0,89
98	16,4	275	0,55
99	16,0	300	0,34
100	15,7	325	0,21
101	15,4	350	0,13
102	15,2		

Destruction du dépôt actif du thorium (exposition longue)
mesurée par les rayons du thorium C.

Pour le thorium B :　　$T_1 = 10,6$ heures,　　$\lambda_1 = 0,06539$ (heure)$^{-1}$;
Pour le thorium C :　　$T_2 = 1$　heure,　　$\lambda_2 = 0,6931$ (heure)$^{-1}$.

Temps.	Activité.
0........	100
15 minutes.	99,9
30　»　.	99,5
45　»　.	98,9
1 heure...	98,2
1,15......	97,4
1,30......	96,4
1,45......	95,4
2 heures..	94,3
2,15......	93,3
2,30......	91,9
2,45......	90,7
3 heures..	89,5
3,15......	88,2
3,30......	86,9
3,45......	85,6
4 heures..	84,4
4,15......	83,1
4,30......	81,8
4,45......	80,6
5 heures..	79,3
5,15......	78,1
5,30......	76,8
5,45......	75,6
6 heures..	74,4
6,15......	73,2
6,30......	72,1
6,45......	70,9
7 heures..	69,8
7,15......	68,7
7,30......	67,6
7,45......	66,5
8 heures..	65,4

Temps.	Activité.
8,15......	64,3
8,30......	63,3
8,45......	62,3
9 heures..	61,3
9,15......	60,3
9,30......	59,3
9,45......	58,3
10　»　..	57,4
11　»　..	53,8
12　»　..	50,4
13　»　..	47,2
14　»　..	44,2
15　»　..	41,4
16　»　..	38,8
17　»　..	36,3
18　»　..	34,0
19　»　..	31,9
20　»　..	29,9
21　»　..	28,0
22　»　..	26,2
23　»　..	24,5
24　»　..	23,0
25　»　..	21,5
26　»　..	20,2
27　»　..	18,9
28　»　..	17,7
29　»　..	16,6
30　»　..	15,5
31　»　..	14,5
32　»　..	13,6
33　»　..	12,7
34　»　..	11,9
35　»　..	11,2

Temps.			Activité.	Temps.			Activité.
36	»	..	10,5	5o	»	..	4,20
37	»	..	9,82	51	»	..	3,93
38	»	..	9,20	52	»	..	3,68
39	»	..	8,62	53	»	..	3,45
4o	»	..	8,07	54	»	..	3,23
41	»	..	7,56	55	»	..	3,03
42	»	..	7,08	56	»	..	2,84
43	»	..	6,64	57	»	..	2,66
44	»	..	6,22	58	»	..	2,49
45	»	..	5,82	59	»	..	2,33
46	»	..	5,46	6o	»	..	2,18
47	»	..	5,11	3 jours....			0,996
48	»	..	4,79	4 jours....			0,207
49	»	..	4,48				

APPENDICE III.

Il n'est peut-être pas inutile d'indiquer aux personnes qui désirent monter un laboratoire de mesures radioactives où elles pourront se procurer des matières radioactives et certains instruments spéciaux.

Radium et actinium : Buchler et Cie, Chininfabrik, Brunswick (Allemagne).

Préparations de mésothorium et de radiothorium : Dr O. Knöller et Cie, chemische Fabrik, Plötzensee, bei Berlin.

Minéraux radioactifs, écrans au sulfure de zinc, etc. : F.-H. Glew, Surgical Radiographer, 156, Clapham Road, London, S. W.

Électroscopes à rayons α, à rayons β et à rayons γ : Chas. W. Cook, University Works, Manchester.

Télémicroscopes pour électroscopes : W.-G. Pye, Granta Works, Cambridge.

Condensateur réglable (Gerdien), piles au cadmium pour travaux électrostatiques : MM. Spindler et Hoyer, Göttingen (Allemagne).

INDEX ALPHABÉTIQUE.

TABLE DES MATIÈRES.

Chapitre III. — *L'ionisation des gaz.*

Chapitre IV. — *Les rayons alpha.*

Chapitre V. — *Les rayons bêta et gamma.*

Chapitre VI. — *Les dépôts actifs et le recul radioactif.*

Chapitre VII. — *Les transformations radioactives.*

CHAPITRE VIII. — *Mesures au moyen d'étalons*.

CHAPITRE IX. — *Séparation des substances radioactives*.

FIN DE LA TABLE DES MATIÈRES.

59237 PARIS. — IMPRIMERIE GAUTHIER-VILLARS ET Cⁱᵉ,
Quai des Grands-Augustins, 55.